坡耕地泥沙和氮素流失特征与防治对策研究

王小云　董晓辉　著

黄河水利出版社
·郑　州·

内 容 提 要

本书对山西省的水土流失状况进行了概括，总结了汾河流域的水土流失治理状况和生态功能区划，简述了水土保持和农业面源污染的主要理论基础，进一步回顾了国内外水土流失和农业面源污染的研究进展，确定以汾河上游东碾河流域的娑婆小流域为主要研究对象，着重介绍了娑婆小流域的土地利用结构状况，针对坡耕地不同下垫面条件下的坡面径流、泥沙和养分流失等状况进行了系统监测和分析，归纳了坡耕地不同植被条件下的水土流失和农业面源污染特征与危害。在此基础上提出了作物缓冲带的坡耕地防治思路，并进一步进行了验证分析，系统阐述了目前水土保持和农业面源污染防控的技术措施。

本书可供开展土壤侵蚀、水土保持、农业面源污染等方面研究工作的环境保护、土壤学、生态学、农学等专业技术人员参考使用。

图书在版编目(CIP)数据

坡耕地泥沙和氮素流失特征与防治对策研究/王小云，董晓辉著. —郑州：黄河水利出版社，2016. 10
ISBN 978 - 7 - 5509 - 1559 - 6

Ⅰ. ①坡…　Ⅱ. ①王…　②董…　Ⅲ. ①坡地 - 耕地 - 泥沙 - 水土流失 - 防治②坡地 - 耕地 - 土壤氮素 - 水土流失 - 防治　Ⅳ. ①S157. 1

中国版本图书馆 CIP 数据核字(2016)第 233575 号

出 版 社：黄河水利出版社

地址：河南省郑州市顺河路黄委会综合楼 14 层　邮政编码：450003

发行单位：黄河水利出版社

发行部电话：0371 - 66026940、66020550、66028024、66022620(传真)

E-mail：hhslcbs@ 126. com

承印单位：河南新华印刷集团有限公司

开本：850 mm × 1 168 mm　1/16

印张：11

字数：200 千字　　印数：1—1 000

版次：2016 年 10 月第 1 版　　印次：2016 年 10 月第 1 次印刷

定价：36. 00 元

前　言

随着我国改革开放的快速推进，经济建设和社会发展取得了巨大的成绩，但生态环境问题却逐渐成为制约和阻碍社会经济持续发展的重要因素之一。近些年，许多地方出现了生态环境失衡导致经济发展缓慢，影响人们正常生活的事件。由此，党的“十八大”提出了大力推进生态文明建设，将生态文明建设提升到国家战略发展目标之列。

山西之长在于煤，之短在于水。山西省作为国家能源基地，为国家发展带来源源不断的能源，同时也出现了生态环境破坏、水土流失严重、地面沉陷、水资源短缺等环境恶化的现象。山西地处黄土高原地区，境内山峦起伏，沟壑纵横，丘陵、盆地布满其间，山地、高原相互连接，水土流失严重。同时，土地利用存在复杂化、破碎化、零散化等问题，尤其是汾河上游地区农业用地以分布较散乱的坡耕地为主，这对汾河上游地区水土流失和农业面源污染的发生具有重要的影响。

在重开发、轻治理，土地利用结构不合理，环保意识相对不足等人为和自然多方因素作用下，山西省的生态环境状况日益恶化，对经济和社会的持续发展具有较大影响。

本书共分为9章，编写分工如下：王小云编写第1～6章，并撰写前言、编录参考文献，共15万字，董晓辉编写第7～9章，共5万字。第1章对山西省的水土流失状况、汾河流域水土流失治理和生态功能定位进行了阐述，并概括了水土流失和农业面源污染的基本理论，在此基础上提出了研究内容和技术体系。第2章主要针对影响水土流失和农业面源污染的国内外土地利用状况研究进展进行了概括，并总结了近几十年来农业面源污染的研究进展。第3章主要介绍了汾河上游地区东碾河流域内典型代表区——娑婆小流域的自然状况，详细分析了该小流域的土地利用结构特征。第4～6章主要对坡耕地种植不同作物后的坡面径流、泥沙和氮素的流失特点、差异、形态和比例、相互关系等多方面内容进行了系统分析和讨论。第7章主要分析和论述了坡耕地泥沙和氮素流失可能形成的环境影响与潜在危害。第8章主要对坡耕地水土流失和面源污染的防治思路与措施体系进行了系统论述，提出了“作物缓冲带”的防治思路，并进行了实地验证。第9章总结了本研究的主要结论，凝练了创新点，并对部分问题进行了讨论，提出展望。

本书主要资料来源于实地调查和研究，具有一定约束性，这导致研究结果的普及和实用性有所降低。但本书资料可靠，数据翔实，可读性强，对相关研究具有较高的借鉴和参考价值。

本书在资料收集、野外监测、试验实施、室内分析、数据处理和写作过程中得到了孙泰森、白中科、蔡继清、杨才敏、李有华、孙红艳、薛丽萍、赵昌亮、聂兴山、王强、韩朝、周晗、霍贵中等的指导和帮助，在此表示衷心的感谢。

本书得到了山西省科技厅青年基金研究项目“汾河水库上游地区不同土地利用结构下氮素载移过程和机理研究”（编号：2013021031－4）、山西省科技厅“水土保持与生态环境技术开发实验室”建设项目、山西省水利厅科技推广项目“土地利用类型对氮素载移过程和机理影响的研究”“不同坡度坡耕地氮素流失特征及对河流水质影响的研究”等项目的资助。

由于本书编写工作量大、时间有限，加之作者水平的局限性，难免存在疏漏和错误之处，敬请广大读者批评指正。

作　者

2016 年 9 月

目 录

第1章 绪 论 …… (1)
1.1 山西省水土流失状况及危害 …… (3)
1.2 汾河治理状况及生态功能区划 …… (6)
1.3 土壤侵蚀基本理论 …… (10)
1.4 农业面源污染基本理论 …… (15)
1.5 研究目的与意义 …… (20)
1.6 研究内容和技术路线 …… (20)
第2章 土地利用变化和农业面源污染研究状况 …… (23)
2.1 土地利用变化研究状况 …… (25)
2.2 农业面源污染研究进展 …… (37)
2.3 本章小结 …… (51)
第3章 汾河上游与娑婆小流域概况 …… (53)
3.1 汾河上游水生态环境问题 …… (55)
3.2 静乐县概况 …… (56)
3.3 娑婆乡概况 …… (57)
3.4 娑婆乡土壤状况分析 …… (60)
3.5 娑婆小流域土地利用结构分析 …… (63)
3.6 娑婆小流域试验区布设 …… (70)
3.7 本章小结 …… (73)
第4章 坡耕地不同植被条件下径流分析 …… (75)
4.1 径流量动态分析 …… (77)
4.2 径流量与地面植被覆盖度的关系分析 …… (81)
4.3 径流量影响因素分析 …… (84)
4.4 本章小结 …… (85)
第5章 坡耕地不同植被条件下泥沙流失量分析 …… (87)
5.1 泥沙流失量分析 …… (89)
5.2 降雨、径流与泥沙流失量关系分析 …… (90)

5.3 地面植被状况与泥沙流失量分析 …………………………………… (96)
5.4 本章小结 ……………………………………………………………… (98)
第6章 坡耕地不同植被条件下氮素流失分析 ……………………… (101)
6.1 氮流失形态和浓度分析 …………………………………………… (103)
6.2 各形态氮流失量分析 ……………………………………………… (107)
6.3 不同形态氮比例分析 ……………………………………………… (113)
6.4 本章小结 ……………………………………………………………… (117)
第7章 坡耕地泥沙和氮素流失的环境危害 ………………………… (119)
7.1 泥沙流失量估算和危害分析 ……………………………………… (121)
7.2 氮素流失量估算和危害分析 ……………………………………… (123)
7.3 本章小结 ……………………………………………………………… (126)
第8章 坡耕地水土流失和面源污染防治措施 ……………………… (127)
8.1 坡耕地整治工程 …………………………………………………… (129)
8.2 坡耕地作物缓冲带措施 …………………………………………… (132)
8.3 提高水土流失治理度 ……………………………………………… (138)
8.4 改变土地利用结构 ………………………………………………… (139)
8.5 精准化农业种植管理措施 ………………………………………… (141)
8.6 本章小结 ……………………………………………………………… (145)
第9章 结论与创新点 ………………………………………………… (147)
9.1 结 论 ……………………………………………………………… (149)
9.2 研究特点与创新 …………………………………………………… (152)
9.3 讨论与展望 ………………………………………………………… (153)
参考文献 ……………………………………………………………… (155)

第1章

绪　论

1.1 山西省水土流失状况及危害

山西省地处黄土高原东部,除若干岩石裸露的峰峦,绝大部分地貌被黄土覆盖,属于典型的黄土高原地貌。山西雄踞于黄河中游左岸的黄土高原之上,境内山峦起伏,沟壑纵横,丘陵、盆底布满其间,山地、高原相互连接。因高山、河流分部广泛,地势险峻,自古以来,山西就是京师(西安或北京)的重要屏障,是兵家必争之地。

山西版图轮廓近似于平行四边形,东面以太行山为界与河北省相邻,西面以黄河为界与陕西省相隔,南面则以黄河为界与河南省相望,北出长城与内蒙古自治区接壤。其整体位置在北纬34°36′~40°44′、东经110°157′~114°327′,南北长约670 km,东西宽约370 km,总面积约15.6万 km^2,约占全国土地总面积的1.64%。

黄土高原是我国水土流失最为严重的地区之一,而山西是我国水土流失最为严重的省份之一。山西从南到北、从东到西,地形复杂多样,丘陵沟壑纵横,土地支离破碎,气候十年九旱,降雨时空分布不均,水土流失十分严重。全省119个县(市、区)几乎每个县都有水土流失问题,水土流失已经成为山丘区一种渐进性且危害极大的自然灾害,也成为山丘区农业生产落后、生存条件恶劣和农民贫困的主要原因之一。

按照地貌类型,山西的土壤侵蚀地貌可分为黄土丘陵沟壑区、黄土残塬沟壑区、黄土缓坡丘陵风沙区、黄土丘陵阶地区、土石山区和冲积平原区六大区域。其中,黄土丘陵沟壑区水土流失最为严重,以晋陕峡谷东岸的吕梁山中断吕梁市及吕梁市北段余脉忻州市西部为主体,面积约29 173 km^2,占全省总土地面积的18.6%,占全省水土流失总面积的26.85%。区内沟壑纵横,丘陵起伏,地形破碎,土质疏松,植被稀少,水力侵蚀强烈,年土壤侵蚀模数一般在8 000~15 000 t/km^2,个别区域高达15 000~20 000 t/km^2以上。其次为黄土残塬沟壑区,以吕梁山南端的临汾市西山地区和运城市的黄河沿岸为主体,面积约6 574 km^2,占全省总土地面积的4.3%,占全省水土流失总面积的6.1%。区内黄土深厚,垣面破碎,沟深坡陡,溯源侵蚀强烈,年土壤侵蚀模数5 000~12 000 t/km^2,少部分区域高达12 000~15 000 t/km^2。黄土缓坡丘陵风沙区水力侵蚀和风力侵蚀交错,以大同市、朔州市西部和忻州市西北部为主体,面积约3 924 km^2,年土壤侵蚀模数4 000~6 000 t/km^2。黄土丘陵阶地区以大同、忻定、太原、临汾、运城及长治六大断陷性盆地周围的坡积、洪积区域为主体,面积约19 386 km²,年土壤侵蚀模数3 000~5 000 t/km²。土石山区以太行山、吕梁山、中条山、太岳山、恒山和五台山的山脊及山麓地带为主体,总面积约78 705 km²,年土壤侵蚀模数200~2 000 t/km²。冲积平原区以六大盆地及河谷为主体,面积18 881 km²,年土壤侵蚀模数200~2 000 t/km²,部分区域高达2 000~3 500 t/km²以上。

从水土流失面积来看,据新中国成立后的20世纪50年代中期调查,全省水力侵蚀面积为10.8万km²,水土流失面积占全省国土总面积的69%,占全省山区、丘陵区总面积的88%(晋华等,2005;武光明,2004)。风力侵蚀面积3 924 km²,占总土地面积的2.5%。据第一次、第二次和第三次全国土壤侵蚀遥感调查,20世纪80年代中期(1985~1986年)、90年代中期(1995~1996年)和21世纪初期(2000~2001年),全省水力侵蚀面积分别为107 896.58 km²、92 863.37 km²和93 203.30 km²。据2011年全国第一次水利普查水土保持普查成果,全省水力侵蚀面积为70 282.57 km²,占土地总面积的44.97%;风力侵蚀面积63.06 km²,仅占总土地面积的0.04%,见表1-1。据2005~2007年水利部、中国科学院、中国工程院开展的全国水土流失防治与生态安全科学考察资料,在全省115个农业县(市、区)中,有84个县属水土流失严重县,占全县份数的73%。

表1-1 不同时期山西省水力侵蚀面积 (单位:km²)

时期	水力侵蚀面积	轻度	中度	强烈	极强烈	剧烈
20世纪80年代中期	107 896.58	34 214.76	28 122.30	28 162.71	7 800.26	9 596.55
20世纪90年代中期	92 863.37	30 081.15	35 495.21	11 573.75	7 999.83	7 713.43
21世纪初期	93 203.30	30 379.90	35 845.90	11 939.80	7 380.90	7 656.80
2011年	70 282.57	26 706.92	24 171.75	14 086.72	4 277.48	1 057.70

从土壤侵蚀输移量看,据20世纪50年代中期水土流失调查测算,全省每年输入黄河的输沙量达4.56亿t,按水力侵蚀面积计算,年均输沙模数为4 222 t/km²,总体上属中度侵蚀。其中,黄河流域年输沙量3.66亿t,占总输沙量的80.26%,占三门峡水库以上地区年输沙量16亿t的22.88%,土壤侵蚀最严重的地区输沙模数高达20 000 t/km²以上,主要为晋陕峡谷东岸的黄土丘陵沟壑多沙粗沙区,面积约1.5万km²;海河流域年输沙量0.9亿t,占总

输沙量的19.74%，土壤侵蚀最严重的地区输沙模数高达8 000 t/km^{2}以上。

水土流失的危害是综合的，从山西省实际来看，主要有以下五个方面：

(1)冲毁土地，破坏农田，表土大量损失，土地生产力下降，直接威胁粮食安全。

晋西黄土丘陵沟壑区和晋西南黄土残塬沟壑区，是山西省水土流失极为严重的两种地貌类型区，耕地主要分布在沟沿线以上的梁、峁、塬面上，由于暴雨径流冲刷，沟壑面积越来越大，农田越来越少。如大宁县的太德塬，清宣统年间塬面面积约860 hm^2（大部分农田），现在只有600 hm^2，在不到100年间，塬面减少了30%。据估算，不经过扰动的原状土壤，每30年可形成25 mm厚的表土层，速度极为缓慢。据山西省水土保持科学研究所的观测资料分析，30°以内坡耕地，1 hm^2 年流失水195 m^3，年流失表土67.5 t。在流失的表土中，1 t含氮0.5 kg、磷1.5 kg、钾20 kg。

(2)淤积水库，堵塞河道，影响防洪安全与饮水安全。

水土流失使大量泥沙淤积在水库、河道和渠道，直接影响防洪和供水。全省共有库容1 000万m^3 以上的大中型水库67座，总库容36.14亿m^3，1990年已淤积11.03亿m^3，占总库容的30.5%。全省最大的汾河水库，总库容7.21亿m^3，从1961年投入运行以来，到1987年共淤积3.1亿m^3，占到总库容的43%，年均淤积量达1 148万m^3。

(3)加剧旱涝灾害，破坏生态平衡，影响生态安全。

水土流失导致生态失调，致使旱涝灾害频繁发生且愈演愈烈。据山西省近500年水文气象资料分析，不同程度的干旱年份达408年，平均1.3年受旱一次。据山西省水文部门对1464～1985年522年间发生影响面积较大的洪水资料统计分析，特大洪水6次，平均87年一次；大洪水49次，平均10.6年一次；一般洪水271次，平均1.9年一次。从全省旱涝历史来看，往往是先旱后涝，旱涝交错。由于旱涝灾害发生频繁，使生态环境不断恶化。

(4)破坏交通设施与居民住宅，危及交通安全和人民群众的生命财产安全。

据不完全统计，1949年以来，山西省共发生较大暴雨洪水177次，累计冲毁农田80.67 hm^2，冲毁桥梁4 600座，冲垮小水库491座，冲毁其他小型水利工程6万余处，倒塌房屋和窑洞95万间（孔），损失粮食39万t，死亡4 600人。

(5)水土流失导致财富流失，留下贫穷。

据统计，山西省的50个贫困县和财政补贴县，绝大部分分布在水土流失严重的区域;其中晋西黄土丘陵沟壑区29个县中,有25个是贫困县和财政补贴县,占到86.2%。可见,水土流失对人民的经济收入具有重大的影响,不进行水土流失的综合整治,将严重影响我国全面建成小康社会的进度。

1.2 汾河治理状况及生态功能区划

汾河是黄河第二大支流,自北向南纵贯山西省中部。汾河发源于山西省宁武县东寨镇西雷鸣寺泉,流经忻州、太原、临汾3大盆地,至万荣县汇入黄河。全长695 km,流域面积39 471 km^2。主要支流在忻州盆地有东碾河、岚河等,在太原盆地有潇河、昌源河、惠济河、龙凤河、文峪河等,至临汾盆地又有对竹河、南涧河、洪安涧河、涝河、浍河等。由河源到太原市上兰村为上游,上兰村到洪洞县石滩村为中游,石滩村至河口为下游。上游穿行于山地和黄土丘陵中,中下游流淌在汾河地堑内。汾河地堑与陕西渭河地堑相接,合称汾渭地堑。汾河地堑形成于中新世晚期,包括忻州、太原、临汾、运城4大盆地。原来的汾河包括滹沱河上游,是汾河上源之一;也包括涑水河中下游,是原来汾河入黄的河道。由于上新世末或更新世初在汾河地堑内发生局部隆起,原先的汾河被切断。石岭关隆起,滹沱河上游被袭夺,脱离汾河改向东流;稷王山隆起,涑水河与汾河断开,汾河改于新绛县折向西流入黄河;韩侯岭隆起,使汾河中下游之间有灵石峡谷出现。地堑东西两侧多泉水出露,著名的有上兰村泉、晋祠泉、洪山泉、郭庄泉、霍泉、龙子祠泉。由于泉水补给,汾河年径流量为26.6亿m^3,远超过省内其他各河。但因流域内降水季节分配不均,6~9月的径流量约占全年径流量的60%,且因泉水分布在中下游,因此上游径流的年变化很大,来水无保障。

为此,1994年以来,于汾河干支流上修建汾河、文峪河、张家庄、浍河、三股泉等水库,保证了太原等城市生活和工业用水,扩大了太原、临汾两盆地内的灌溉。其中,沿汾河干流上游所建的汾河水库,距发源地122 km,总库容7.21亿m^3,控制流域面积5 268 km^2,是山西省最大的综合性利用水利枢纽工程,也是太原、晋中两市人民生活和工农业用水的重要水源地。20世纪50年代以前,汾河流域内有易涝面积13.34万hm^2,盐碱地6.67万hm^2,1933年和1942年洪水两次威胁太原城。现今,由于水利设施发挥巨大的作用,内涝几乎不存在,盐碱地基本被改良,汛期安全。但因干支各河上游皆流经黄土地区,水土流失面积达2万km^2,故河流含沙量大,汾河年均输往黄河的泥沙达

5 800多万t。

2003年10月，万家寨引黄一期工程正式通水，从宁武县头马营乡引黄河水进入汾河，再经81 km的天然河道至汾河水库。汾河上游干流河道是引黄入晋的唯一一段天然输水线路，汾河水库是引黄入晋的一座调蓄水库，两者都是引黄南干线的重要组成部分。目前，汾河水库及其上游地区已列入山西省饮用水功能区，涉及忻州市宁武县和静乐县、吕梁市岚县和太原市娄烦县，区域内的主要支流有洪河、鸣河、东碾河、涧河、岚河。汾河水库及其上游饮用水功能区所在区域由北向南、由东西两侧向中间河谷地势逐渐降低，区域地形有河谷、河谷阶地、丘陵及低、中、高山（王晓宇，2004）。长期以来，由于水库上游地区林草覆盖度较低，黄土丘陵沟壑区面积大，土地资源利用不合理，开垦粗放，是全省土壤侵蚀最严重的区域之一，也是汾河水库泥沙和饮用水水源面源污染的主要来源地。

引黄入晋工程是21世纪初山西的一项重大民生工程，成功引进黄河水，对缓解山西水资源短缺，促进经济社会快速发展，起到至关重要的作用。但黄河水流经汾河干流81 km天然河道进入汾河水库途中受农业面源污染等环境污染问题，也越来越受到社会的关注。根据多年的水质化验，汾河干流水质长期不能稳定达到Ⅲ类水标准，多数情况下处于Ⅲ~Ⅴ类，超标的污染物主要是COD、NH_3^--N，超标0.5~2.5倍，其中农村生活污染源、农田径流污染源的COD、NH_3^--N排放量分别占区域点源与面源COD、NH_3^--N污染负荷总量的59.5%和72.2%。目前汾河水库水质尚可，但TN、NH_3^--N等含量上升趋势明显，水库处于中度富营养化状态（韩静，2009）。据调查，汾河水库及上游的水污染主要是工业废水的排放和生活污水点源污染以及生态破坏、水土流失、农田种植业、养殖业等引起的面源污染。汾河水库的点源污染主要包括汾河上游宁武、静乐、岚县、娄烦4个县城的城市污水处理厂排放的废水以及上游干流、支流一些企业的排污口排放的工业废水。2005年以来，以上4个县城的污水处理厂均建成投入使用，经过多年有关执法部门的严格监督和处罚，现在基本达到污水排放标准。另外，依据汾河水库上游工业经济基础和行业特征，各县对企业设置了排污口，这些点源排放的生活污水和工业废水，对汾河水库的水质几乎没有影响。而农业面源污染主要包括农村生活污染和农耕地径流污染，农村生活污染主要是指农村生活污水的随意排放，未经处理的生活污水自流到地势低洼的河流、湖泊和池塘等地表水体中，严重污染各类水源。农耕地径流污染是指农田里使用的化肥、农药随着雨水冲刷进入河流、湖泊和池塘等地表水体中，造成水体污染。汾河从发源地流入汾河水库，由于水库上游地区林草覆盖度较低，地形破碎、沟壑纵横、坡陡沟深，黄土丘陵沟壑区面积大，地面坡度 6°～35°的面积占 63.2%，年土壤侵蚀模数大于允许值 500 t/km^2 的流域面积为 3 688 km^2，占控制流域面积的 70%，再加上汾河水库上游地区土地资源利用不合理，开垦粗放，是水土流失严重地区（景胜元等，2014），也是全省土壤侵蚀最严重的区域之一。因此，水土流失是造成汾河水库泥沙淤积和水体富营养化的重要原因，大量的氮、磷、钾等养分元素以水土流失的泥沙作为载体，随着径流输移进入水库，由于水库水体交替周期较长、流动缓慢，水体的自净能力较弱，必然导致水库水体营养元素大量盈余，使其存在不同程度的富营养化现象，降低水库水体对各种污染物的稀释自净能力和水环境承载能力，造成库区生态环境恶化（章茹、周文斌，2008）。

2008 年国家环保部联合中国科学院制定和发布了全国生态功能区划分区，山西汾河上游地区属于土壤保持功能区中的吕梁山落叶阔叶林土壤保持和黄土高原西部土壤保持三级功能区。同年，山西省人民政府发布了山西省生态功能分区，山西生态功能分区的一级区和国家生态功能分区的三级区相吻合。山西生态功能分区中汾河上游地区属于西部山地落叶针叶林与灌丛一级生态区中的吕梁山山间盆地黄土丘陵生态亚区，即汾河上游水库调蓄与水土保持生态功能区。生态功能区的划分，对区域生态建设与保护提供了发展的目标和方向。汾河上游地区作为水库调蓄与水土保持生态功能区，赋予了汾河上游地区特殊的地位，同时也提出了较高的要求。静乐县紧临宁武汾河源头，对汾河水资源的调蓄和水质的保护具有重要的地位。然而，近些年，随着人民生活水平的提高，对粮食产量和品质的要求也日益增长，因此作物种类较以前有较大的调整。同时，肥料的使用量也大大地增加。这导致农业面源污染越来越成为制约河流湖库水质的一个重要原因。据统计，目前我国 60%以上的湖泊水体已达到富营养化，其中 50%以上的氮、磷负荷来自农业面源污染，农业面源污染是造成水体污染的一大主要来源。当前，我国农业面源污染程度之深、范围之广，对水资源安全和人民群众身体健康造成极大危害，已成为各方面关注和重视的焦点。农业面源污染发生的三个主要过程是降雨径流过程、土壤侵蚀过程和污染物迁移转化过程（王淑莹等，2003）。我国坡耕地的大量存在及其严重的水土流失，不仅破坏了水土资源，而且恶化生态，成为影响生态重建和恢复的关键因素。全国现有 1.2 亿 hm^2 耕地中，坡耕地为 0.21 亿 hm^2，占 17.5%。坡耕地是水土流失的主要来源地，目前占我国水土流失面积的 13.3%，每年产生的土壤流失量约为 15 亿 t，占全国水土流失总量的 30%。黄土高原地区坡耕地每生产 1 kg 粮食，流失的土壤一般达到

40～60 kg。同时，坡耕地产量低而不稳，成为许多地区经济落后和陡坡耕地退耕的主要原因。在水土流失作用下，土地越种越贫瘠，许多地方陷入"越穷越垦、越垦越穷"的恶性循环。就山西的地形地貌特点来看，大量的坡耕地是发生农业面源污染三个过程的最佳场所。据统计，山西省现有耕地面积480万 hm^2，占全省土地总面积的30.6%。耕地中，旱地面积比重最大，达382万 hm^2，占全省耕地总面积的近80%。旱地中，坡耕地面积最大，达167万 hm^2，占到全省旱地总面积的43.7%（山西省国土厅，2001）。汾河上游地区的宁武、静乐、娄烦和岚县4县有坡耕地10.8万 hm^2，其中静乐县有3.65万 hm^2，占该县耕地面积的82%。静乐乃至山西省坡耕地占耕地面积的80%以上，因此为了给当地人民的粮食供给和家庭收入提供基本保障，短时间内坡耕地还必须继续投入农业生产中。坡耕地作为一种低产田，在使用过程中投入产出比相对较低，对资源造成了较大的浪费（山西省林业厅，2001）。同时，坡耕地作为"三跑"田，在水、土壤和肥料资源随径流流失过程中，既降低了土地生产力，同时也形成了严重的环境污染。因此，除在非基本农田地块进行植树造林、保持水土等大量的水土保持措施外，如何有效地利用坡耕地，既满足人们对粮食和经济收入的需求，又减少坡耕地在垦植中造成的水土流失和农业面源污染的压力，是一个重要的可持续发展和利用问题，也是一个重要的生态问题（刘晶姝等，2003）。

多年来，国家和山西省对水土保持生态建设和水环境保护的力度空前加大，特别是对饮用水源地的生态建设和保护力度更是上升到前所未有的高度。1987年3月，山西省委、省政府领导率队踏勘汾河水库上游，针对汾河水库泥沙严重淤积的现实，果断作出采取特殊政策和措施治理汾河水库上游水土流失的决策。1987年7月，省政府召开常务会议，果断决定每年由省里投资2 000万元进行汾河水库上游水土保持综合治理的10年规划，以实现"拦沙保库、治穷致富"的目标。1997年，省委、省政府又作出继续开展二期10年治汾工程的决定，并把治理范围扩展到整个汾河上游区域。通过对汾河上游流域水土流失进行集中综合治理，为引黄入晋工程的成功实施打下了良好基础。从2008年至今，国家和山西省政府在汾河水库上游地区又相继实施了黄土高原地区淤地坝建设、国家重点小流域治理、坝滩联合整治、汾河水库上游干流两侧边坡水土流失综合治理、沟坝地治理等一系列水土保持工程。在治理措施上，坚持梯、坝、滩、林、草、果、水合理配置，陡坡地退耕还林种草，缓坡地实施坡耕地改水平梯田，沟道筑坝拦泥淤地，淤滩造地建设高产稳产基本农田。经过20多年的集中连续治理，取得了巨大的综合效益，不但有效减少了泥沙淤积,保护了汾河水库,同时也维护了汾河上游干流河道的健康状态。通过有效防治两侧边坡的水土流失,一方面减轻了山洪灾害对汾河干流河道堤防的破坏,另一方面控制了面源污染排入汾河干流,起到了清洁水源、保护水质的作用。

但是,由于汾河水库上游生态治理历史欠账太多,流域内的水土流失尚未得到根本遏制,加上汾河水库上游多为黄土丘陵沟壑和土石山区地,坡耕地面积占流域总耕地面积的80%以上,特别是6°以上、25°以下坡耕地仍在广泛开垦种植,同时由于化肥的大量使用,而且利用率仅在30%～35%,其余部分通过降水、淋溶等方式会流失到土壤、水体中。这样,坡耕地在降雨时,坡面径流中就携带过多氮、磷等营养物质流入河流,会造成汾河水库水体出现富营养化的水环境污染事件。

当前,在短期内还无法改变汾河水库上游地区坡耕地大量开垦种植的局面,必须把坡耕地面源污染防治与控制水土流失、优化耕作方式、保持土壤肥力结合起来统筹考虑,综合研究,以探索坡耕地农业面源污染防治之策。鉴于此,本研究依托山西省科技厅青年基金研究项目"汾河水库上游地区不同土地利用结构下氮素载移过程和机理研究"和山西省水利厅科技推广项目"土地利用类型对氮素载移过程和机理影响的研究"等,对汾河水库上游坡耕地情况、土地利用结构、坡耕地泥沙及养分流失状况等进行了系统调查和研究。通过调查,以确定典型小流域作为主要研究对象,采用水土流失动态监测、室内分析计算、预测分析等多种技术手段,在分析土地利用结构的基础上,通过对土壤肥力状况和养分载移过程的分析和计算,定量研究坡耕地径流、泥沙和氮素流失特征,以及不同防控措施下面源污染的防治效果,拟为汾河水库上游乃至全省的坡耕地在农业生产和面源污染的矛盾中找到两者兼顾的"优化耕作方式—土地利用结构调整—面源污染防控"的思路和方法,为面源污染的防控提供理论依据和对策。

1.3 土壤侵蚀基本理论

《中国大百科全书·水利卷》对土壤侵蚀(soil erosion)的定义为:土壤及其母质在水力、风力、冻融、重力等外营力作用下,被破坏、剥蚀、搬运和沉积的过程。同时,该百科全书还指出:土壤在外营力作用下产生位移的物质量,称土壤侵蚀量(the amount of soil erosion)。《中国水利百科全书》中定义水土流失为:在水力、重力、风力等外营力作用下,水土资源和土地生产力的破坏和损失,包括土地表层侵蚀及水的损失,亦称水土损失。土地表层侵蚀指在水力、风力、冻融、重力以及其他外营力作用下,土壤、土壤母质及岩屑、松软岩层被破坏、剥蚀、转运和沉积的全部过程。

水土流失在国外叫土壤侵蚀,美国土壤保持学会关于土壤侵蚀的解释是:水、风、冰或重力等营力对陆地表面的磨损。或者造成土壤、岩屑的分散与移动。英国学者对土壤侵蚀的定义是:就其本质而言,土壤侵蚀是一种夷平过程,使土壤和岩石颗粒在重力的作用下发生转运、滚动或流失。风和水是使颗粒变松和破坏的主要营力。

导致土壤侵蚀发生的营力分为内营力和外营力。内营力作用是由地球内部能量引起的,主要是热能。内营力作用的主要表现是地壳运动、岩浆活动和地震等,如地壳运动中的垂直运动、水平运动、褶皱运动、断裂运动等。外营力的作用主要来自太阳能。外营力作用总的趋势是通过剥蚀、堆积(搬运作用则是将二者联系成为一个整体)使地面逐渐被夷平。外营力作用的形式很多,如流水、地下水、重力、波浪、冰川、风沙等。具体形式如风化作用、剥蚀作用、搬运作用、堆积作用。

按照土壤侵蚀的外营力可将土壤侵蚀分为水力侵蚀、风力侵蚀、重力侵蚀、冻融侵蚀、冰川侵蚀、混合侵蚀和化学侵蚀等。其中,水力侵蚀是最主要的一种形式,习惯上称为水土流失。

水力侵蚀(water erosion)指在降雨雨滴击溅、地表径流冲刷和下渗水分作用下,土壤、土壤母质及其他地面组成物质被破坏、剥蚀、搬运和沉积的全部过程。水力侵蚀是目前世界上分布最广、危害也最为普遍的一种土壤侵蚀类型。我国水力侵蚀主要分布在北纬20°~50°的范围,尤以年降水量为400~600 mm的森林草原和灌丛草原地区水蚀比较严重,其中以黄土高原为代表。水力侵蚀主要分为面蚀和沟蚀两大类。其中面蚀又分为滴溅侵蚀、片蚀、细沟侵蚀;沟蚀分为浅沟侵蚀、切沟侵蚀、悬沟侵蚀、冲沟侵蚀、水刷窝、跌穴和陷穴,其中水刷窝、跌穴和陷穴三种为洞穴侵蚀。

重力侵蚀(gravitational erosion)是一种以重力作用为主引起的土壤侵蚀形式。它是坡面表层土石物质及中浅层基岩,由于本身所受的重力作用(很多情况还受下渗水分、地下潜水或地下径流的影响),失去平衡,发生位移和堆积的现象。重力侵蚀多发生在坡度>25°的山地和丘陵,在沟坡和河谷较陡峭的岸边也常发生重力侵蚀,由人工开挖坡脚形成的临空面、修建渠道和道路形成的陡坡也是重力侵蚀的多发地段。严格地讲,纯粹由重力作用引起的侵蚀现象是不多的,重力侵蚀的发生与其他外营力参与有密切联系,特别是在水力侵蚀及下渗水的共同作用下,以重力为其直接原因所导致的地表物质移动,根据土石物质破坏的特征和移动形式,一般地可将重力侵蚀分为陷穴、泻溜、滑坡、崩塌、地爬、崩岗、岩层蠕动、山剥皮等。

我国土壤侵蚀的发生和发展主要受自然界及人为活动的影响与控制。通常将土壤侵蚀影响因素分为自然因素和人为因素两大类。自然因素主要包括地质、地貌、气候、植被、土壤及地面组成物质五个方面;人为因素包括农林牧生产活动和城镇、工矿建设过程中对自然环境乃至对土壤侵蚀的影响。

山西省地处黄土高原地区,是全国最严重的水土流失地区之一。黄土丘陵沟壑区和残塬沟壑区是最易发生土壤侵蚀的地貌类型,而且以水力侵蚀、重力侵蚀和复合侵蚀为主。

1.3.1 土壤侵蚀程度和强度

土壤侵蚀程度(degree of soil erosion)是指任何一种土壤侵蚀形式在特定外营力种类作用和一定环境条件影响下,自其发生开始,截至目前的发展状况。土壤侵蚀的发生发展过程中,土壤侵蚀不仅受到外营力种类、外营力作用方式等的影响,还受到地质、土壤、地形、植被等条件和人为活动的影响,因此土壤侵蚀表现形式可明显地产生较大差异。

土壤侵蚀强度(intensity of soil erosion)是指某种土壤侵蚀形式在特定外营力作用和其所处环境条件不变的情况下,土壤侵蚀形式发生可能性的大小,定量地表示和衡量某区域土壤侵蚀数量的多少和侵蚀的强烈程度,通常用调查研究和定位长期观测得到。土壤侵蚀强度常用土壤侵蚀模数和侵蚀深表示。土壤侵蚀强度根据土壤侵蚀的实际情况,按轻微、中度、严重等分为不同级别。一般在容许土壤流失量(tolerance of soil loss)与最大流失量值之间进行内插分级,而且不同地区容许土壤流失量也不同,因此土壤侵蚀强度也不同。水力侵蚀强度分级见表1-2。

1.3.2 土壤侵蚀定量研究法

土壤侵蚀定量研究主要是确定土壤侵蚀在时间和空间上量的变化状况,即包括以下两方面的内容:①解决侵蚀量在特定地理景观中不同地貌单元或土地利用方式上的空间变化规律;②搞清楚在不同历史时段内的变化规律及预测将来一个时段内的变化趋势。

表1-2 水力侵蚀强度分级

级别	侵蚀模数(t/(km² · a))	年平均侵蚀深(mm/a)
微度侵蚀	<200, <500, <1 000	<0.15, <0.37, <0.74
轻度侵蚀	200,500,1 000 ~ 2 500	0.8 ~ 2
中度侵蚀	2 500 ~ 5 000	2 ~ 4
强度侵蚀	5 000 ~ 8 000	4 ~ 6
极强度侵蚀	8 000 ~ 15 000	6 ~ 12
剧烈侵蚀	>15 000	>12

土壤侵蚀的研究经过了多年的发展,其研究方法和手段经历了水文学方法、直接观测及测量和定量测量等方法。现在常用的有径流小区定位观测、遥感方法、地球化学法、激光地貌法、侵蚀预报模型法等多种方法。

1.3.2.1 侵蚀特征宏观调查法

宏观调查法包括以下几个方面:调查土壤剖面,将土壤剖面各层的现今厚度与原始厚度进行比较或根据剖面层次的完整性,进行侵蚀的强弱分类;地貌调查,通过野外观察测量与土地侵蚀有关的各种地貌现象,定性或半定量地确定土壤侵蚀强度;对于田间土壤侵蚀,可通过测量记录那些看得见的细沟、冲沟,并从这些特征得到被移走的土壤体积,估算土壤侵蚀速率。如在试验小区上用摄影测量法和自动测量仪法,在野外测算细沟侵蚀量时,主要用填土法和容积法。填土法就是将与所要量测地块的土壤一致的土(已知含水量)充填到所要量测的细沟内,充填高度和细沟周围地表高程保持一致,且填充的密度与土层密度大致相等,这种方法比较准确,但野外应用时不太方便;容积法就是通过量测细沟的深、宽、长,计算出细沟体积,再乘以土壤的干容重,就得到细沟侵蚀量,这种方法简单易行,但由于细沟断面的多样性及细沟深沿坡长的变化,测量精度难以保证。

1.3.2.2 水文观测法

水文观测法是建立在长期的水文观测的基础上,通过观测流域出口断面或流域其他断面的泥沙量来推断该把口站所控制范围内土壤侵蚀模数,这种方法对于小流域的推算来说是比较准确的。但几乎所有的水文站测定的泥沙量只包括悬浮泥沙,而不包括推移质泥沙;另外,由于流域内地理条件、土地利用方式的差异,各个地貌单元遭受的土壤侵蚀强度并不一致,但水文学方法得到的只是流域内平均侵蚀模数,不能反映该研究区内土壤侵蚀的空间变化情况，从而难以制订相应的水土流失调控方案。

1.3.2.3 试验小区长期监测法

土壤侵蚀的发生、发展和演变过程，是自然因素和人为因素综合影响作用的结果，因此必须在野外和田间进行观测，在野外设置试验场进行实地观测是必要的基本设施。其中，以布置径流小区进行侵蚀过程、径流泥沙量的观测为主要手段，是土壤侵蚀研究中一直沿用的传统研究方法。

根据侵蚀发生的部位，径流小区按照地形可布设为标准小区、不同坡长径流小区、自然坡面径流小区等形式。通过径流小区观察，测量不同降雨（雨量、雨强）、下垫面状况（土壤特性、地面覆盖度、耕作制度、植被类型等），通过观察地形因子（坡度、坡长）等情况下土壤侵蚀状况，从而建立土壤侵蚀产沙与上述若干因子之间的统计关系（或模型）。主要有降雨量、降雨强度、径流量、侵蚀产沙量、含沙量及降雨前后土壤水分变化。一般按每次降雨、日降雨、汛期及全年进行小区产流、产沙量的动态监测。典型试验小区最适合提供的数据是：特定土壤－作物复合体净土壤流失量与土壤肥力之间的关系；耕作区土壤输出的速率。这一方法的主要优点是：可以证明特定耕作方法、作物类型对侵蚀速率的影响；与作物、地面状况有关的资料多；检验田间尺度土壤保护措施。这种方法取得的结果通常是该小区上最可靠的，但当遇到区域尺度的侵蚀问题时，该方法存在的缺陷表现在以下几个方面：由于小区边界的限定，使小区脱离了邻近地区的地形环境和作用于这些地区上的过程，从而使小区结果不能代表自然状况。

基于小区资料建立的侵蚀预报方程，只能代表极其有限的空间和时间点上的土壤侵蚀信息，将小区资料应用至异地则往往存在问题。要获得长期侵蚀资料，必须进行长期监测，尤其在降水年内变异性大的地区，这样不仅监测的费用大，而且费时费力，限制了该方法的推广应用。

1.3.2.4 侵蚀模型方法

坡面侵蚀产沙模型是在对整个坡面侵蚀过程研究的基础上，对土壤侵蚀量、泥沙输移以及其影响因子之间关系的数学模拟，包括简单的经验模型、复杂的物理过程模拟模型等多种模型。

早期土壤侵蚀定量研究侧重于野外径流小区的试验，观测相同下垫面条件下不同降雨的侵蚀，或者相同降雨条件下不同下垫面的侵蚀。后来逐渐发展到室内的试验研究，利用人工降雨开展单因素侵蚀相关研究，如降水、坡度、坡长、坡向、植被、土壤质地等单要素与侵蚀量的关系，并建立不同形式的土壤侵蚀预报方程，从而也就产生了土壤侵蚀定量经验模型的雏形。

关于土壤侵蚀量的计算,目前国内外主要采用的是美国的通用土壤流失方程USLE(Universal Soil-Loss Equation),作为一个经验统计模型,它是土壤侵蚀研究过程中的一个伟大的里程碑,在土壤侵蚀研究领域一度占据主导地位,并深刻地影响了世界各地土壤侵蚀模型研究的方向和思路。由于USLE模型形式简单、所用资料广泛、考虑因素全面、因子具有物理意义,因此不仅在美国而且在全世界得到了广泛应用。

20世纪70年代以后,我国开始土壤侵蚀经验模型的研究,研究了降雨特征、雨滴动能、溅蚀及降雨径流侵蚀力、植被盖度、植被截留、土壤可蚀性、微地貌形态等因素与侵蚀量的关系。20世纪80年代,通用土壤流失方程开始引进和应用于我国,对我国土壤侵蚀经验模型的研究产生了重大影响。许多学者结合我国土壤侵蚀特点,基于地面径流小区实测资料,对通用土壤流失方程进行了实验校正。其中,付炜以晋西离石王家沟流域为研究区,建立了适合该区水土流失的USLE修正方程(付炜,1997)。我国在基于坡面或径流小区等尺度单元对土壤侵蚀进行了大量研究,着重研究侵蚀量与其影响因子之间的定量关系,并建立了许多区域性(径流小区或小流域尺度)土壤侵蚀经验方程,取得了一系列研究成果。20世纪90年代到21世纪初,对各种土地利用类型的土壤侵蚀机制方面也进行了系统深入研究。谢树楠等将坡面产沙量与雨强、坡长、坡度、径流系数和泥沙中数粒径间的函数关系,建立了具有一定理论基础的流域侵蚀模型(谢树楠、宋根培,1988),取得了较为理想的土壤侵蚀模拟效果。汤立群建立了适合于中小流域的包括径流模型和泥沙模型两部分的土壤侵蚀模型(汤立群、陈国祥,1996;汤立群,1996)。蔡强国等也建立了具有一定物理基础的侵蚀-输移-产沙过程的小流域次降雨产沙模型。这些模型的建立对我国土壤侵蚀的研究具有积极的推动作用,对水土保持的综合治理具有重要的现实指导意义。

1.4 农业面源污染基本理论

近年来,点源污染逐渐得到高效预防和有效控制,而面源污染(或非点源污染,non-point pollution or diffusede)已经成为水环境污染的主要来源。随着水环境污染问题的突出,针对面源污染的研究越来越受到重视,并逐渐成为环境科学、水文学、土壤学、生态学领域的热点问题之一。在面源污染引起的各种水环境问题中,农业面源污染最为普遍,并成为当今世界多个国家和地区水质恶化的第一大威胁。农业面源污染普遍性、广域性和复杂性的特征,使得农业面源污染的监测、研究、防控与管理工作比点源污染更加困难和复杂。

1.4.1 农业面源污染的定义和主要来源

农业面源污染是指在农业生产活动中，农田中的土粒、氮磷、农药及其他有机或无机污染物质，在降雨或灌溉过程中，借助农田地表径流、农田排水和地下渗漏等途径而大量地进入水体，或因畜禽养殖业的任意排污直接造成的水环境污染。主要包括土壤流失、化肥污染、农药污染、畜禽养殖污染以及其他农业生产过程中造成的面源污染。农业面源污染与大气、水文、土壤、植被、土质、地貌、地形等环境条件和人类活动密切相关,是直接对水环境构成污染的污染物来源。具体来看,其来源有以下五个方面:一是农田径流营养成分的流失,二是农村生活污水及生活垃圾无处理排放,三是分散式养殖场禽畜粪便排放,四是农田水土流失,五是城市径流污染物流失。其中,前四个都是来自于农业生产活动(王晓燕,1996)。

农业面源污染的产生是由于降雨在不同的下垫面条件下产生径流,并对土壤产生侵蚀作用,降雨-径流是造成面源污染物输出的主要动力,水土流失是污染物的迁移载体。地表和土壤的污染物含量及污染物在迁移过程中所发生的截留、溶解、化学反应、生物过程等,又直接影响污染物的输出量。在降雨-径流驱动因子作用下,大量泥沙与附着的氮磷污染物及可溶性氮磷污染物进入水体。农田径流污染既服从水文学的降雨、产汇流规律,又有污染物本身的物理运动、化学反应和生化效应的演变,是水文、地理、气象和水土保持等多种因素综合作用的结果(刘润堂等,2002)。从土壤学角度看，农业面源污染物来自于土壤中的农业化学物质，因而它的产生、迁移与转化过程实质上是污染物从土壤圈向其他圈层特别是水圈扩散的过程，其本质上是一种扩散污染。

1.4.2 农业面源污染的危害

农业面源污染直接对水体环境产生危害,进而影响人畜健康。通常农业面源污染对水体质量的影响主要由营养型和毒害型两大类污染物质所致,但以营养型污染物质为主。近年来,我国河流、湖泊、近海的水体质量急剧下降,人们才逐步认识到由于人为活动而引起的农业面源污染是水质变坏的重要因素之一。

营养型污染物主要指氮和磷,氮、磷在水体中大量积累导致水体富营养化，后果是蓝藻大量繁殖，将水中氧气消耗殆尽，水体功能急剧降低。据观测，20世纪80年代初期至90年代中期，太湖流域的水质下降了一个等级，全湖平均由以Ⅱ类水为主变为以Ⅲ类水为主，水体富营养化状态上升了两个等级，以富营养型为主(崔玉亭，1999)。根据中国环境状况公报，太湖流域每年氮的排放量从1990年的2.80万t增加到2000年的7.96万t，磷的排放量从1990年的2 000 t增加到2000年的5 660 t，COD的排放量从1990年的5万t增加到2000年的28.2万t(国家环境保护总局，2000)。巢湖12个监测点位中，54%的点位为Ⅴ类水质，46%的点位属劣Ⅴ类水质(国家环境保护总局，2000)，总氮、总磷严重超标，泥沙淤积严重，巢湖已变成了"死湖"。我国水库的富营养化程度低于湖泊，但目前也呈加快趋势。化肥、农药和水土流失等农业面源污染也是水库富营养化的主导因子。

近些年，我国赤潮现象日益增多，而且发生面积越来越大。据不完全统计，20世纪60年代以前，仅记录4次赤潮，70年代记录了20次，80年代75次，进入90年代，赤潮更是频繁发生，仅2000年我国近海就发现了28次赤潮，累计面积1万多km^2，仅辽宁、浙江两次较大规模的赤潮就造成了近3亿元的渔业损失。赤潮发生频率和面积显著增加的原因除了与工业废水、生活污水大量向海域排放有关，还与农业面源污染密切相关，近海的农业面源污染主要包括化肥、农药的流失，土壤侵蚀，近海养殖等。赤潮不仅对海洋生态、渔业生产造成严重影响，赤潮素还通过海洋食物链危及人体健康。

毒害型污染物主要包括农药、除草剂及其降解产物以及化肥中夹带的重金属、有毒有机物等。有机磷、有机氯农药等污染物质可直接引起水体生物中毒，也可以在水体食物链中富集，并通过食物链最终影响人体健康。

此外，由于水土流失，大量泥沙进入水体，河床抬高，蓄水容量减少，水体功能降低。滇池由于泥沙的大量涌入，湖面已从原来5万hm^2减少到3万hm^2。东太湖的淤泥厚度达1 m以上，而且还在以每年10 mm的速度增加。同时，由于径流携带的大量泥沙含有大量的有机质和氮、磷，对水体水质产生了显著影响(贺缠生等，1998)。

家畜粪便中常常含有大量的病原菌，尤其是大肠杆菌，可以随着径流或入渗进入地表水和地下水(朱铁群，2000)，因此面源污染也可导致疾病的发生和传播。

1.4.3 农业面源污染的研究方法

从面源污染产生的机制来看，主要可分为三个过程，即径流形成过程、径流冲刷地面形成土壤侵蚀的过程、泥沙及氮磷污染物进入水体的过程。该过程由坡面产流汇流、坡面水土流失和污染物的迁移三个环节组成。还有学者从动态过程的角度来阐释农业面源污染，认为农业面源污染是一个连续的动态过程，其形成主要由降雨径流过程、土壤侵蚀过程、地表溶质溶出过程和土壤溶质渗漏4个过程组成，这4个过程相互联系、相互作用(张水龙等,1998；刘宏斌等,2015)。

掌握面源污染形成的机制和变化规律是进行模型监测定量研究的基础，也是控制和治理面源污染的关键。目前,研究比较多的是污染元素在汇流过程及河道中的迁移转化规律,面源污染物对水体的影响机制与点源相同,因此农业面源污染重点的研究内容是污染物由陆地进入水体前的迁移转化过程。该过程主要包括两个方面:一是污染物在土壤圈中的行为,即在不同土壤或土地利用方式时营养元素的迁移转化规律;二是污染物在外界条件下(降水、灌溉等)从土壤向水体扩散的过程。综观已有研究成果,大多关于面源污染形成机制的研究多侧重于自然机制。事实上农业面源污染也是一种社会经济现象,其产生与发展有深刻的社会经济原因。因此,农业面源污染影响因素是多方面的,涉及社会经济因素和自然地理因素(刘长礼等, 2001;林昭远等, 2001;朱颜明等, 2000),前者有地形地貌、土壤状况、地表植被状况、气候状况(降水强度和降雨量)、水文特征(暴雨和洪水等),后者有居民环境保护行为和意识、土地利用方式、农田耕作、农事活动和田间水肥等管理因素。

面源污染来源复杂、机制模糊和对环境造成的危害较大,对其负荷的定量化估算一直是环境治理工作的重点和难点。面源污染负荷定量化研究是流域污染环境治理的重要基础工作,而利用面源污染方法和模型来估算和模拟面源污染负荷是对面源污染规律进行评价研究的基本方法之一,也是面源污染研究的核心内容之一(程炯等,2006;张秋玲等,2007)。污染负荷模型是辨识和模拟问题地区面源污染形成、迁移、转化和负荷的有效工具(Young et al, 1989),其研究是以面源污染机制研究为基础,又会推进机制研究的深化、细化,同时构建以实用性为目标的模型,并将其纳入水污染防控规划,也能够极大地促进面源污染的防控与管理。

在面源污染模型方面,国内外学者在模型的开发和应用方面进行了大量的研究。如:水土污染物输出系数模型(Beaulac et al, 1982; Johnes, 1996);回归模型,如SPARROW(Alexander et al, 2002)、ESTIMATEOR(Cohn et al, 1992);也有复杂的机制模型,如CREAMS (Knise et al, 1980)等。国内工作者在面源污染模型方面也取得了不少成果(温灼如等,1986;刘曼蓉等, 1990),

但总体上仍处于起步阶段，且机制模型研究成果较少，大部分工作用在引进和消化国外模型方面。而将信息技术与面源污染模型相结合，尚处于尝试和引进阶段。在模型应用方面，主要是将开发的模型用于自然条件下农业面源污染预测，以及预测各种农业管理措施对径流水质及负荷的影响，进而为面源污染治理提供依据（Sumer, 1990; Kozlof, 1992; Sugiharto, 1994; Perrone, 1997; Alpand Cigizo-glu, 2007; Polyakov et al, 2007; Santhi et al, 2006; Shrestha et al, 2006; Yeh et al, 2006; Yuan et al, 2007）。由于模型的复杂性和环境条件的约束性，我国目前引进和模拟国外模型而进行应用，应用现有某种模型就某一流域、湖泊、区域的面源污染进行评估。所参考的国外模型也相对简单，对国外已有的一些复杂机制性模型（考虑多项污染物的迁移转化规律）应用较少。虽然近些年，国内工作者也总结和研发了一些经验和机制性模型，但大多局限于某一特定湖库或污染区，推广应用性较小。

根据污染物迁移途径，农田面源污染监测可分为地表径流监测、地下淋溶监测、壤中流监测三种。农田地表径流指借助降雨、灌水或冰雪融水将农田土壤中的氮、磷等水污染物向地表水体径向迁移的过程，该流失途径主要发生在水田（许仙菊，2006）、水旱轮作耕地（张继宗，2006）、平原旱作耕地（焦平金，2013）。农田地下淋溶是借助降雨、灌水或冰雪融水将农田土壤表面或土壤中的氮、磷等水污染物向地下水淋洗的过程，该流失途径主要发生在北方旱田（张春霞等，2013）。壤中流是土壤水在土壤内部的流动，发生在离地面很近的具有孔隙的、透水性相对较弱的土层临时饱和带内，是水分累积达到并超过田间持水量而发生的水平方向的运动，其汇流速率处于地下径流和地表径流流速之间，在山坡、丘陵等存在坡度的农田极易发生壤中流（刘泉等，2012）。

地表径流室内监测通常采用人工模拟降雨法进行。野外监测采用野外插钎、农田排水监测、径流场、径流池等方法来进行。地下淋溶监测室内模拟通常以土柱为研究对象，采用人工模拟供水的方式来模拟污染物在土壤垂直方向上的运移机制，为建立模型和修正模型提供基本参数。田间监测通常有土钻取土、土壤吸杯抽滤、淋溶盘原位监测、渗漏池等多种方法。这些方法都有其各自的优缺点，因此应根据试验目标、设施条件、要求准确性等多方面来综合考虑和选取。壤中流的产生滞后于地表径流，监测难度较大。通常在较易发生壤中流的农田上进行，需同时监测壤中流和地表径流，常用的监测方法是利用坡面径流小区的技术原理，进行人工模拟降雨，监测壤中流的发生，或在自然降雨条件下，野外监测场监测并收集壤中流。

这些方法都有其各自的特点，同时也有一定的局限性。具体应用时，应针对研究的目的、设施条件和区域范围，选择合适的方法，也可以将多种方法相互结合，并辅助现代化信息和观测系统对较大区域内的复合污染进行研究。农业面源污染是一个涉及面很广泛的问题，根据研究目标和要求的差异，涉及的研究领域差异也较大，如水文与水资源学、环境保护学、环境工程、土壤侵蚀、水土保持、农学等多个学科。因此，研究的理论基础和方法相对灵活，差异较大。在具体的研究中，应根据研究目标，理论结合实际，结合多种手段和方法，构建一个完整的研究体系，方能达到预期的效果。

1.5 研究目的与意义

汾河水库作为省城太原重要的饮用水水源地，对省城经济发展、社会进步与和谐、生态文明建设具有重要意义。汾河水库上游地区生态脆弱，水土流失严重，粮地矛盾突出，坡耕地垦植在相当长一段时间内仍将存在，因此坡耕地养分流失造成的农业面源污染问题不容忽视。研究和防治坡耕地农业面源污染，保证和维持汾河水库水体水质良好，是一项刻不容缓的重任。因此，本研究从坡耕地地面植被状况、径流、土壤、氮素四个方面对坡耕地面源污染的影响因素、形成过程和机制、主要污染物的形态、流失量、环境影响等多个方面进行分析，具有很强的现实意义，对农业面源污染的防治思路和对策，以及农业种植和管理理念的改进具有一定的指导意义。同时，本研究以水土流失和土壤侵蚀基本原理为基础，分析造成坡耕地农业面源污染的主要营养元素氮素的流失问题，通过“径流－泥沙－养分”三基质两界面间能量和物质转移过程，将坡面径流、泥沙输移和养分迁移三个领域相结合，对深入研究以氮素流失为主要特征的坡耕地农业面源污染这个环境问题，以及本学科研究领域的拓展和学科之间的联系互补，具有十分重要的意义。

1.6 研究内容和技术路线

本研究以山西省汾河水库上游东碾河流域为基础，将东碾河流域内静乐县娑婆乡娑婆小流域作为主要研究区域。通过对该小流域土地利用结构进行调查和分析，评估坡耕地在该小流域土地利用结构中的定位和作用。在此基础上，基于坡耕地水土流失严重，是农业面源污染主要来源之一，对该流域坡耕地不同植被状况下径流、泥沙和养分的流失状况进行系统研究，分析植被差异对水土资源和养分流失的影响，以及不同植被条件下氮素流失造成的环境影响，以期找出治理坡耕地水土资源和养分流失的有效措施，进一步明确坡耕地面源污染防治思路和整治方式。

研究区设在娑婆乡娑婆小流域的坡耕地上，通过外业调查、布设监测小区、水土流失动态监测、室内理化分析和统计分析等技术手段，对坡耕地不同植被条件下的产流、产沙和以氮素流失为主要特征的面源污染，进行定性和定量分析。在此基础上，对坡耕地面源污染的形成过程、污染物形态、环境危害，以及坡耕地面源污染防治对策，进行了系统分析和研究。主要研究内容为：

(1)研究区土壤资源调查和土地利用结构分析：对娑婆小流域的土壤类型、养分状况及土地利用类型、数量、面积等进行调查，在此基础上对该小流域的土壤资源及土地利用结构进行分析，找出土地利用结构存在的问题。

(2)雨季不同植被条件下径流的监测和分析。修建野外径流监测小区，并布设不同植被的下垫面条件，在雨季监测径流产量，分析不同植被状况下径流量间的差异，找出降雨和植被覆盖度等对径流的影响。

(3)雨季不同植被条件下流失泥沙监测和分析。对流失泥沙量进行监测，分析不同植被条件下泥沙流失量间的差异，找出植被覆盖度和径流量对泥沙流失量的影响。

(4)植被对坡耕地氮素流失形态和比例的研究与分析。主要对不同植被条件下，坡耕地径流中氮素的流失形态、浓度、流失量和各形态氮所占比例进行分析，找出流失氮素的主要形态，计算农业面源污染主要的氮素污染量，并分析径流量、地面植被覆盖度对氮素流失量的影响。

(5)坡耕地泥沙和氮素流失对环境影响的分析。主要对不同植被条件下，娑婆小流域坡耕地可能导致的泥沙和养分流失总量进行估算，并定性分析泥沙和养分流失可能形成的生态环境问题。

(6)娑婆小流域氮素流失的防治思路和措施体系。针对娑婆小流域坡耕地面积大、作物种植和管理粗放、土壤和养分大量流失的现状，提出该小流域坡耕地的整治思路和可采取的措施体系。

研究的技术路线见图1-1。

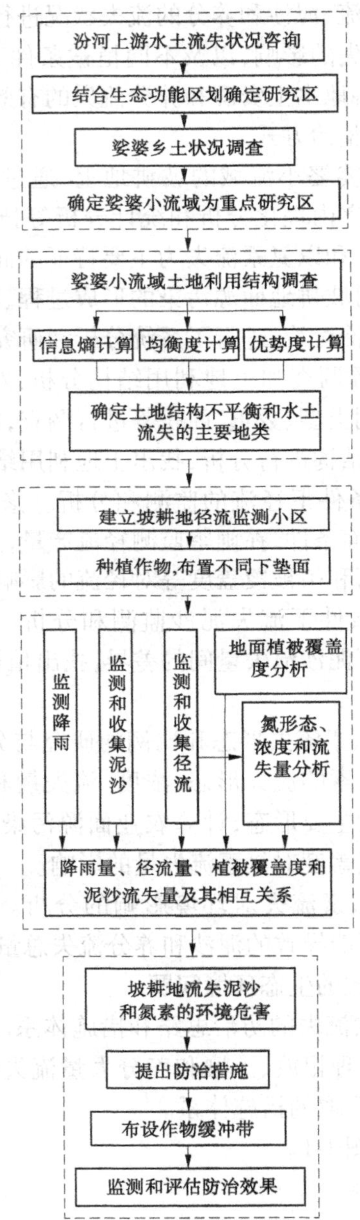
汾河上游水土流失状况咨询
结合生态功能区划确定研究区
娑婆乡土状况调查
确定娑婆小流域为重点研究区
娑婆小流域土地利用结构调查
信息熵计算
均衡度计算
优势度计算
确定土地结构不平衡和水土流失的主要地类
建立坡耕地径流监测小区
种植作物,布置不同下垫面
监测降雨
监测和收集泥沙
监测和收集径流
地面植被覆盖度分析
氮形态、浓度和流失量分析
降雨量、径流量、植被覆盖度和泥沙流失量及其相互关系
坡耕地流失泥沙和氮素的环境危害
提出防治措施
布设作物缓冲带
监测和评估防治效果

图 1-1　技术路线图

第2章

土地利用变化和农业面源污染研究状况

2.1 土地利用变化研究状况

2.1.1 国外研究进展

目前,针对土地分类、结构调整和土地利用方式等方面的研究已进行了多年,并取得了显著的成果,而且实际应用较广。这些成果的应用对区域经济、社会和生态发展均发挥了重要的作用。国外在这方面的研究相对较早,如英国、美国、日本、韩国、德国等国家对土地分类有较早的研究(Cline 1979;Veldkamp et al, 2001;王建英等,2009;Virtuosic et al, 1997;Riebsame et al, 1991)。土地结构的调整,是基于客观科学的土地分类系统而言的。土地分类,国外早期具有代表性的有英国 30 年代的土地利用调查分类体系(FLUS)、美国 60 年代在 FLUS 基础上修订的分类体系、英国 70 年代的国家土地利用分类体系(NLUS),以及后来美国的土地利用分类体系(USGS)。随着土地利用系统分类的进步和社会经济的发展,土地利用结构和覆被变化越来越引起人们的重视。尤其在全球环境变化研究中,土地利用和土地覆被动态越来越被认为是一个关键而迫切的研究课题(Geist et al, 2001;Turner et al, 1990),而土地利用结构的变化,对土地覆被变化产生着直接而巨大的作用。从 1990 年以来,土地利用和土地覆被变化在世界范围内越来越多地引起了科学家们的关注。为了使人们认识到土地覆被变化对其他全球环境变化和可持续发展的重要性,国际土圈 - 生物圈组织(IGBP)和全球环境变化人文组织(HDP)发起了一个土地利用和土地覆被变化(LUCC)的联合核心项目,并设立了学术/科研计划项目。为了促进国家 LUCC 项目,该项目全面概括了国际上 LUCC 研究的基本概念、背景和进程。LUCC 不是一个新的研究领域,但在全球环境变化的背景下被赋予新的含义和研究内容。LUCC 涉及植被的变化和调整,对生物多样性、土壤质量、径流、土壤侵蚀、沉积和土地生产力都有重要影响。LUCC 对全球环境系统的变化具有影响,如生物地球化学循环和气候变化,以及由全球环境变化导致的森林植被退化、生物多样性减少和土地沙化。LUCC 研究的基本科学问题是土地利用和覆被的动态变化,这对未来 50 ~ 100 年的全球环境变化预测具有重要意义。由于 LUCC 的复杂性,这对“原因 - 利用 - 覆盖”模型系统是个挑战。用一个综合的方法来建模需要结合大规模的现场案例研究、遥感影像对土地覆被变化进行直接的观察和测量以及与经济发展相关的 LUCC 模型(Xiubin,1996)。

土地覆被变化作为地表植被状况的直观反映,它的改变牵涉到大量其他的陆地表层物质循环与生命过程(Lambin et al, 1997),如生物圈 - 大气交互作用、生物多样性、生物地球化学循环以及资源的可持续利用等方面(Watson et al, 2000;Meyer et al, 1994)。水土资源和养分的流动与迁移在土壤圈 - 水圈层面也在持续地进行着循环,这种自然或人为导致的物质循环,在进行物质和能量循环的同时也导致资源利用率的变化和生态环境的演替。

土地变化会直接导致土地植被的变化,并进一步影响土壤质地、土地生产力等,尤其对土壤状况和微生物群落变化的响应具有重要影响。然而,针对这种响应具体特点方面的研究还很少,尤其是不同土壤中具体特性如何改变,如何影响土壤微生物的种群结构。Lauber 等采集了美国东南部四种土地类型条件下的土壤样本(硬木和松树林,耕地和牲畜牧场)来评估土地利用变化对微生物群落结构和分布的影响。采用定量 PCR 方法估算了细菌和真菌的比例,并克隆了表征细菌和真菌群落的小亚基 rRNA 基因。虽然有些土壤特性(土壤质地和营养状态)在不同土地利用类型间差异不显著,土壤其他特性(如 pH)也与土地利用类型的变化不一致。不同土地利用类型间细菌和真菌比的差异也不显著,而且不同种类土地中并不一定有特异的土壤真菌和细菌群落。相反,细菌和真菌群体的组合与土壤的某些特性关系密切。土壤 pH 对研究区细菌群落结构具有较好的指示作用,而真菌群落组成与土壤养分状况关系紧密。这些结果表明,土壤性质的变化并非土地类型的变化。土壤性质能较好地预测整个景观格局区微生物群落组成的变化。此外,研究结果表明,采用基于序列的方法来分析细菌和真菌群落能提供各子群落的详细进化信息,可以作为评估生物地理格局的有效工具(Lauber et al, 2008)。

随着社会和经济的发展,土地资源越来越成为一种重要的非可持续发展资源。因此,节约用地逐步提上了国家和相关部门的议事日程。集约用地的实施和管理,既能提高土地的有效利用率和发展潜力,同时也能提高土地的生态服务价值,并进一步影响土壤质地,如土壤微生物种群、土壤生物量等。目前,土壤生物和生态系统过程间的关系大多在室内试验条件下被发现,而实地找到相互关系的很少。de Vries 等对比量化分析了欧洲四个气候和土壤条件下通过土地利用类型(强化小麦轮作、广泛轮作和自然草地)对土壤功能和生态系统影响后导致的土壤食物链结构间的差异。在所有国家,强化小麦轮作持续降低土壤食物链各组成部分的生物量。土壤食物网特性能对不同土地利用系统和地理位置条件下 C、N 循环进行准确一致的预测。土壤食物网特性与土壤碳含量密切相关,影响着碳损失过程,如蚯蚓和真菌/细菌能源通道的比例在自然草地是最大的。相比之下,不受土地利用影响的土壤食物链能解释氮循环的过程,如丛枝菌根真菌和细菌的生物通道。对不同土地使用制度和地理位置下C、N循环过程中土壤生物贡献的定量分析显示,土壤生物需要被纳入C、N循环模型,而且与各地土壤的生物多样性相关(de Vries et al, 2013)。

土地的节约化利用和管理对土壤肥力的持续和有效供应提高了要求。为了土壤肥力的长期有效利用,过去10年中土壤改良剂随着土壤环境生态的变化进入了研发和应用领域。作为土壤改良剂的生物炭得到了较快的发展和研究。短期内,生物炭施用到土壤中能普遍增加土壤呼吸和微生物生物量的活性,显著影响微生物的群落结构,但这种影响是相当短暂的。Hardy等针对比利时温带淋溶土木炭的积累和土地利用对土壤生物的长期影响进行了调查研究,收集了在工业化前(>150年的历史)炭窑森林和耕地的木炭富集表土,采用不同的方法分析了土壤样中pH、有机碳总量、速效磷、土壤天然有机质(SOM)和黑炭含量(BC),用PLFA分析测量微生物生物量和群落结构。以土壤参数作为因变量,对PLFA数据集进行分析。土壤和农业用地土壤呼吸率和总微生物量相关性显著($R^2=0.90$),土壤呼吸和微生物总量受SOM含量的影响。森林土壤中,革兰氏阳性细菌、放线菌所占比例较大,与耕地相比细菌的比例增大。在林地和坡耕地,革兰氏阳性细菌和丛枝菌根真菌的比例为18∶2和18∶3。黑炭与第三主成分PCA有较好的相关性($R=-0.765$),能代表12.2%的总差异,但对群落结构影响较小,尤其是在农业用地。然而,森林中BC与真菌为负相关($R=-0.785$),比例为18∶1。调查表明,土地利用类型通过影响营养条件来间接影响土壤微生物的结构(Hardy et al,2015)。

当土地资源成为制约国家和社会发展的障碍时,对土地的科学规划和高效利用就显得尤为重要。对土地利用结构调整是一个有序的过程,是一个规模庞大、结构复杂、影响因素众多的社会经济过程,需要在土地利用现状基础上,进行调查评估,依据国家土地利用整体规划,对土地利用结构多目标、多层次、多关联性等进行综合调整。从20世纪80年代以来,在土地利用规划过程中引入了遥感、计算机辅助和数学等方法,大大提高了土地规划的整体性、科学性、工作效率和精确度。其中,有特色的如英国Strathclyde大学和苏格兰资源研究所提出的“提高人口承载力备择方案的ECCO模型”(Steiner et al, 2003)。该模型通过系统动力学模型模拟了不同备择方案下人口变化与承载力之间的动态变化关系,可用于辅助作出合理规划土地的决策。Bellamy在澳大利亚北部通过数据库决策支持系统(DSS)评价了农业用地资源规划的合理性(Bellamy,1995)。评价过程中包括了成本、收益、风险和对环境的影响多个方面,既解决了土地问题,也考虑到生态环境问题。Capalbo 应用计算机,采用数学模拟的方法评价美国蒙大拿州旱地资源的规划问题。重点针对土地利用规划对农场收益、环境和作物轮作系统造成的影响和原因进行了分析,并提出了有效的对策(Capalbo, 1993),同时 Stark 也探讨了在德国应用 GIS 分析农场管理、土地利用规划中争地矛盾和保护土地,以及公共事业的大工程对土地的需求(Stark, 1993)。Verfura 等认为在美国威斯康星州 Dane 县的土地信息系统在自然资源受到威胁的地方,可用于多用途规划,为决策者提供信息(Verfura, 1998)。Xiang 等应用 GIS 和多目标模型预测了土地利用中可能引起纷争的原因,并提出了解决的策略(Xiang et al, 1992)。Sharift 等探讨把土地利用动态规划作为农场土地配置的决策支持系统,并通过 GIS 模型和综合规划模型相互结合,形成了完善的决策系统(Sharift et al, 1994)。而 Chuvieco 应用线性规划作为 GIS 分析工具,对空间属性进行优化和变量组合,并在西班牙进行土地利用规划试验(Chuvieco, 2003)。

人口的增加和社会与经济的发展对土地资源的供应、利用和管理提出了新的要求。保证土地资源的可持续利用,科学合理地对土地资源进行分类、评价、规划、调整、使用和管理,是事关人类生存和生态环境稳定与良好的基础。因此,对土地资源在这些领域进行更加深入的调查和研究是时代赋予科研工作者的使命,是科研工作者应当积极承担的任务。

2.1.2 国内研究进展

土地是人类生存和发展的物质基础,土地蕴涵着丰富的生产力,而且随着结构的变化,土地的生产力也发生着变化。人类进行的各种活动都体现在土地利用结构的变化上,不同的土地利用结构会产生不同的经济、社会效益和生态效益。合理的土地利用结构能促进土地的可持续发展和利用,能提高土地的社会、经济效益和生态效益。

随着经济的发展和生态环境的变化,土地利用结构应当怎样进行调整逐渐成为需要系统和深入研究的课题。土地结构调整后,如何评估土地利用结构的合理性,如何优化土地利用结构等有关土地利用问题,进入了科研、设计、高校、企业等不同部门和单位的议事日程(张群等,2013;钱敏等,2010)。我国针对土地类型的分类和土地结构调整方面的研究起步较早。从 20 世纪 30 年代至今,一直有科研工作者从事这方面的研究,而且随着经济和社会的发展，土地利用结构和格局也随着变化。党的十八大以来，国家将生态文明建设列入国家战略发展的高度，对土地利用结构和利用方式提出了新的要求。同时，随着我国土地制度的改革，以及农村土地可以通过合作社、有偿租赁等多种制度的制定，对我国土地利用形式提出了新的要求，而且会进一步促进我国土地利用结构的改变。

随着社会生产力的提高和工业现代化的发展，对土地类型进行分类就显得尤为必要。较国外稍晚些，我国也形成了具有代表性的土地分类体系，如20世纪40年代任美锷的分类体系，以及80年代《土地管理法》的颁布和土地使用制度改革以来形成的土地利用分类系统（刘平辉等，2003；赵其国、周炳中，2002；何宇华等，2006；郧文聚等，2007）。土地是人类赖以生存和发展的最基本自然资源，它为人类的生存和发展提供最基本的物质基础（刘纪元，1996）。但随着社会和经济的发展，人类对土地的需求越来越大，土地资源越来越稀缺，土地结构的合理性和科学性越来越引起人们的重视。土地利用格局的变化随着社会和经济的发展而变化，并与各个时代国家发展的主体目标相呼应，因此不同时期有其土地利用的特点和变化规律。刘纪元等对我国20世纪90年代土地利用变化过程进行了全面分析（刘纪元等，2003），揭示了10年来土地利用变化的规律，分析了这些规律形成的主要政策、经济和自然原因。研究表明，20世纪90年代，全国耕地总面积呈北增南减、总量增加的趋势，增量主要来自对北方草地和林地的开垦。林业用地面积呈现总体减少的趋势，减少的林地主要分布于传统林区，南方水热充沛区造林效果明显。同时，中国城乡建设用地整体上表现为持续扩张的态势。

1948年美国数学家Shannon把熵的概念引进了信息论中，称为信息熵。而土地利用信息熵可以描述土地利用结构和系统的有序程度，可以反映土地利用结构的变化规律。近年来，许多学者为了土地利用结构调整、土地资源优化配置提供依据，利用信息熵理论对区域土地利用结构变化的驱动力进行研究，并采用灰色关联分析、回归分析和主成分分析等多种统计方法进行了实例分析。借助信息熵理论，任倩等（2011）对保定市土地利用结构信息熵的动态变化规律和空间分布规律进行了分析，并用灰色关联法分析了土地利用结构变化的驱动力。结果表明，保定市各县（市）土地利用结构受地理位置和社会条件的影响与制约存在一定的差异。空间格局以耕地、城镇村及工况用地和其他土地3大用地类型为主，而园地、交通运输用地和水利设施用地比例很小。城镇化率和第三产业所占比重对土地利用信息熵的关联度最大。针对土地利用结构的变化，为了保证和实现土地资源可持续利用，应根据各县（市）

的自然和社会基础,因地制宜地制定土地利用总体规划是必要的。张群等采用信息熵和数据包络分析方法对常州市武进区的区域土地利用结构进行了评价,结果表明,该研究方法可有效克服传统多元统计方法综合评价的缺点,能更加全面地反映区域土地利用结构的差异,通过研究,指明了该区各乡镇土地利用结构的调整方向和重点调整策略(张群等,2013)。林珍铭等运用信息熵对广东省1993~2008年的土地利用结构变化进行时间序列和空间差异分析,并对影响其信息熵变化的因素进行分析。结果表明,广东省土地利用结构信息熵在研究期间呈逐年上升趋势,均衡度逐年上升,优势度逐年下降,说明广东省土地利用系统的有序性在降低,结构性减弱,均衡度增加;信息熵的空间差异大,其空间分异规律表现为由沿海地区向内陆山区递减;四大区域的信息熵表现为东翼>西翼>株三角>山区。运用SPSS进行相关分析可知,广东省土地利用变化主要表现为耕地、林地和未利用地的减少及园地、其他农用地、居民点与独立工矿和交通用地的增加,直接导致其信息熵的变化;广东省经济的发展,尤其是第二和第三产业的迅速发展,是其信息熵增大的根本原因;同时总人口的增加、城市化水平的提高与信息熵的增大有着密切关系(林珍铭等,2011)。张卢奔等结合长沙市2005~2012年土地利用数据,通过信息熵理论和分形维数理论,对长沙市土地利用结构变化从整体性、时序性、空间性、地类差异性4方面进行全面分析。结果表明,利用信息熵理论对长沙市整体性进行分析,从时序角度将信息熵变化分成2005~2008年上升、2008~2009年下降、2009~2012年上升3个阶段;从空间角度将各县(市、区)分成高熵值区、中熵值区、低熵值区。利用分形维数理论对长沙市地类差异性进行分析,随着区域内土地利用的变化,表现出相同年份下不同土地利用类型复杂度的变化,不同年份下土地利用类型的复杂度也不尽相同(张卢奔等,2014)。谭术葵等运用计量地理模型、信息熵的方法,分析了湖北省17个市(州)土地利用结构的地域差异,研究土地利用信息熵和经济发展水平之间的关系。结果表明:各市(州)的土地利用多样化差异较大,多样化空间格局整体呈现东部偏高、中部均匀、西部较低的递进结构;耕地、城镇村及工矿用地、交通运输用地、水域及水利设施用地具有明显的区位意义,林地、草地、其他土地一般,园地不显著;土地利用信息熵的空间格局呈现高信息熵区域主要聚集在东部、中高信息熵区域位于中部、中低和低信息熵区域主要分布在西部的递进规律。土地利用信息熵与地区经济发展水平并无密切关系,与土地利用的多样化关系紧密(谭术葵等,2014)。康建锋等根据2000~2012年喀什市土地利用变更调查数据,运用信息熵方法对期间喀什市土地利用结构信息熵进行了分析,并对熵值与灰色关联度进行分析。结果表明,2000～2012年,喀什市信息熵、均衡度总体呈波动上升的趋势,优势度总体出现下降的趋势,土地利用系统无序性增加,均值性增强。土地利用结构信息熵与固定资产投资存在较强关联,与城镇化率、土地经济密度、社会商品零售总额、人均GDP、非农产业与农业产值比呈中等关联。利用土地利用结构信息熵和社会经济发展的灰色关联度综合分析,得出土地利用内部结构的变化是信息熵变化的直接原因,社会经济发展是土地利用结构信息熵变化的主要原因(康建锋等,2015)。而苏广实通过利用多年航片数据和遥感影像数据等资料,采取信息熵、洛伦兹曲线－基尼系数分析方法对广西都安县28年来喀斯特土地利用结构动态演变进行分析。结果表明,28年间都安县土地利用系统演变过程表现为无序度先升高后下降再升高、有序度先下降后升高再下降的变化趋势。在空间分布上,东部和北部为信息熵高值区,东南部和西南部为低值区。28年来,坡耕地、裸岩地、建设用地、灌丛地与绝对均匀线距离较近,基尼系数较小,各乡镇分布较分散;疏林地、有林地、草地、沟谷耕地与绝对均匀线距离较远,基尼系数较大,主要集中分布在少数乡镇。从动态变化特征看,草地、沟谷耕地和灌丛地呈远离绝对均匀线、基尼系数渐增的变化趋势;而坡耕地、裸岩地、疏林地、有林地和建设用地呈现靠近绝对均匀线、基尼系数逐渐减小的趋势;草地、灌丛地、疏林地、有林地和沟谷耕地在各用地类型中变化幅度较大,是决定都安县土地利用结构空间差异的主要用地类型(苏广实,2015)。

在土地结构的分析和运用中,结构模型、方法、思路和理论都对评价和分析结果具有重要影响。土地利用结构评价是为了达到一定的生态经济最优目标,对区域内土地资源的各种利用类型数量安排和空间布局的合理性进行评价,以提高土地利用效率和效益,实现土地资源的可持续利用(倪绍祥,2003)。班茂盛等利用绩效理论模型对北京高新技术产业区土地利用结构进行综合评价,而运用精明增长理论对于解决我国城市化快速发展中面临的一系列问题具有重要的现实意义(班茂盛等,2008)。王红瑞等针对北京市丰台区土地利用中城市建设用地规模扩张较快,耕地面积逐年减少等问题,通过设计区间数多目标优化算法,建立了结构多目标优化模型,确立了目标函数及其相应的约束条件,并对丰台区土地利用结构的优化调整进行了计算分析,设计了能适应目前丰台区发展需要的土地利用结构调整方案,即为了适当扩展原土地的面积,需要继续减少农村居民点用地,同时扩大城镇用地面积以适应城市化发展的需要,进一步减少工矿用地,适当增加交通和水利设施用地(王红瑞等,2009)。土地利用结构优化配置是实现精明增长的核心内容之一。为了从土地利用角度在理论和实践上进一步充实、完善乃至深化精明增长的一些研究理论与定量分析方法,任奎等运用精明增长理论对区域土地利用结构优化配置进行了指导。首先,明确了精明增长指导下区域土地利用结构优化配置的内涵,构建了土地利用精明增长度测度体系;其次,构建了灰色多目标动态规划模型对区域土地利用结构进行优化,经运算求解可得出集中备选优化方案;在此基础上,采用灰色关联度分析及主成分投影相结合的方法进行方案择优,最终确定土地利用结构优化方案,并以江苏宜兴为例,对精明增长指导下区域土地利用结构优化配置进行了尝试(任奎等,2008)。刘艳芳等以海南省琼海市土地利用结构优化为例,对遗传算法在土地利用结构优化模型中的运用进行了较为系统的分析和讨论,构建出一套土地利用结构优化的多目标线性规划模型,并运用多目标的 Pareto 方法成功对模型进行了计算,为今后的土地利用规划工作提供了有益的参考(刘艳芳等,2005)。翟文侠等运用典型相关模型,在分析嘉鱼县产业结构变化特点和土地利用结构变化趋势的基础上,研究了嘉鱼县土地利用结构与经济结构的协调性。结果表明,嘉鱼县工业化发展已达到一定水平,但第一产业比重依然较高,第三产业水平不高,工业处于发展期,产业结构并不合理。各类用地中,以水域及水利设施用地比重最高,其次是耕地,最后是林地;农用地中,以草地变化动态度最大,其次是林地,再次是园地,最后是耕地;城镇农村工矿用地和交通用地比例上升了 1.02%,但交通运输用地略有减少,建设用地增加主要表现为城镇农村工矿用地增加;产业结构的演化过程中,产业发展依然表现为建设用地的增加和农业用地的减少,特别是林地的减少。该县用地结构演变促进产业发展和产业结构演变不利于产业长期的稳定发展(翟文侠、韩冰华,2015)。

土地利用变化研究是土地利用研究的核心问题之一,土地利用动态度则是分析土地利用变化的最重要指标(王安周等,2008;鲁春阳等,2010)。土地利用动态度作为分析土地利用变化的有效指标,在我国较多地区进行了应用,如:王倩等对甘肃土地利用动态度的时间差异进行了分析研究(王倩、刘学录,2009)。王宏志、程学军等则利用武汉郊县土地利用的动态度双向模型,分析了该县土地利用的变化过程和特点(王宏志等,2002;程学军、李仁东,2001)。朱会义等对环渤海地区乃至我国土地利用变化的时空特征进行了全面研究和讨论(朱会义等,2001)。吴婷婷等采用变化贡献率、年均变化强度指数、土地利用动态度及空间洛伦兹曲线和基尼系数方法对甘肃庄浪县 1997 ~2012年土地利用结构动态演变的分析表明,时间尺度上,庄浪县土地利用结构变化中起主导作用的土地利用类型是耕地和城镇村及工矿用地;空间尺度上，耕地、其他土地、交通运输用地、城镇村及工矿用地及牧草地在庄浪县分布较为均匀，林地、水域及水利设施用地次之，园地分布极不均衡（吴婷婷、刘学录，2015）。同时，文洁等利用改进的 TOPSIS（Technique for Order Preference by Similarity to Ideal Solution）方法对甘肃省 1997～2007 年间土地利用结构合理性的综合评价表明，10 年间甘肃省土地利用结构合理度总体在 80% 以上，在时间上呈波动变化趋势。不同土地利用类型的变化对土地利用结构的合理性影响不同，与土地利用结构合理度呈负相关的土地利用类型为园地、林地、居民点及工矿用地、交通用地、未利用土地，其中未利用土地的变化与土地利用结构合理度的负相关性最显著；与土地利用结构合理度呈正相关的土地利用类型包括耕地、牧草地、水域，其中牧草地的变化与土地利用结构合理度的正相关最显著。开发利用土地、保护牧草地对调整和优化甘肃省土地利用结构具有决定性的作用（文洁、刘学录，2009）。李秀霞等以吉林省西部为例，利用 2000 年和 2010 年 2 期的 TM 遥感影像数据，结合野外调查及社会经济年鉴数据，基于经济 - 生态双重目标，利用 SD - MOP（System Dynamics-Multi-Objective Programming）整合模型，对 2020 年吉林省西部土地利用结构进行了仿真与优化。结果显示，到 2020 年，在经济效益、生态效益分别增长 7.43%、3.09% 的条件下，建设用地和耕地分别增加了 349.89 km^2 和 2 705.74 km^2，而林地、草地、水域、未利用地分别减少了 12.75 km^2、11.51 km^2、270.43 km^2 和 2 772.56 km^2，与利用单目标（System dynamics）模型优化方案相比，建设用地、耕地增幅分别下降了 31.55% 和 14.97%，而林地、草地、水域和未利用地减幅分别下降了 42.70%、20.99%、42.68 和 29.34%。研究表明，SD - MOP 优化方案优于单目标的 SD 优化方案（李秀霞等，2013）。

土地利用结构与经济结构的协调性影响着土地资源的可持续利用和社会经济的可持续发展，是城市土地利用及城市规划研究的核心内容之一。目前，我国学者关于城市土地利用结构的研究主要集中在结构的动态化、驱动机制、结构利用效益、结构合理性等领域。但从城市性质和职能的角度来探讨城市用地结构影响因素还不深入、不系统。城市土地利用结构受多种因素影响，其中城市性质和职能的差异是一个重要的因素，特别是对处于职能转型的城市来说，合理的土地利用结构是城市职能转型的物质基础。Zhao 等对上海 1947～1996年的土地利用状况进行了研究，用系统论和分形理论分析了土地变化的驱动因素，计算和比较了土地利用结构在不同条件下的信息熵和均衡度。结果表明，土地利用结构信息熵和均衡度在研究区逐渐增加，但在 1947～1958年间呈现下降，自 1958 年城区逐渐增加。不同区域之间土地利用类型间的差异在下降，而土地利用结构趋于平衡。近 50 年来，城市工业区、农田、城中村、储备建设用地逐渐上升，其边界的形式更加复杂，但住宅小区等城市景观变化不大。居住区、工业区、其他城市景观和城中村的占地面积逐渐增大。1979 年之前农业和预留建设用地开始上升，但从 1979 年开始下降。近 50 年来所有的土地利用类型的规模不断扩大，以不同的速度和程度从城市中心向边缘扩展。其中农田扩展范围最大，住宅扩展最小，形成距离中心由近及远分别为一个居民区—工业区—农业区的环形空间格局。这些时空变化特征是由当地的环境、交通、经济发展和政府行为所影响的，但经济的发展和政府的影响是导致城市形态变化的最重要驱动因素（Zhao et al,2004）。徐梦洁等运用可持续利用评价指标体系对县域土地资源结构进行研究（徐梦洁等，2002）。蔡云龙等建立系统综合指标，定量评价了土地利用的可持续性，但这些方法在权重设定、变量与自变量函数关系的确定等方面存在局限性。研究表明，采用最优化方法内定权重的数据包络分析方法，避免了在统计意义上确定指标权重带来的主观性，同时无须设定输入与输出的具体函数，不必计算统计投入量和综合产出量，避免各指标量纲不一致带来的度量困难，在处理多投入、多产出的问题上具有特别的优势。鲁春阳等利用主成分分析、聚类分析、相关分析等方法，对不同职能城市土地利用结构特征和影响因素的研究表明，根据城市职能主因子得分，将地级以上规模市分为区域综合性城市、第二产业城市、交通城市、文化旅游城市、地方中心城市 5 类，可以符合城市规划和实际及发展的需求（鲁春阳等，2012）。李永乐等从城市的核心内涵生产（就业）和生活（居住）两个角度出发，建立了城市化和城市土地利用结构之间的逻辑关联，并利用中国城市年鉴中 2000 ~ 2009 年我国 29 个省际面板数据模型的实证检验表明：从全国来看，生活用地比重与城市化发展呈现显著的正相关关系，生产用地比重与城市化发展呈现倒“U”形变化趋势（李永乐等，2013）。边学芳等针对我国城市化过程中，伴随着城市土地利用结构的变化，对它们之间可能存在的关系进行了分析。在分析当前我国城市化发展状况及城市土地利用结构所存在问题的基础上，通过对城市化水平和城市土地利用结构建立多元线性回归，得出它们之间的线性关系。随着城市化水平的提高，城市用地中居住用地随之增加，工业用地、仓储用地及对外交通用地则随之减少，而且随着城市化的发展，公共设施用地也在不断增加，它同居住生活用地随着城市规模与人口的增加而增加（边学芳等，2005）。从国际城市化发展规律看，城市化率达到 30% 以上就进入了高速发展时期，而我国到 2000 年城市化率就已达到 36.2%，由此可以得出我国目前城市化处于中期发展水平，在以后进入高级城市化发展水平过程中，必须向着集约利用城市土地的方向发展，从扩大城市规模向提高城市综合质量转变。同时，根据对未来城市化的预测，再根据前述回归模型预测出我国在未来20年内的城市土地利用结构的变化趋势，由此提出盘活城市存量土地、加快土地市场化步伐、合理调整城市用地结构、优化土地配置、改善城市综合环境、挖掘城市用地潜力、适当提高城市土地容积率、积极利用多维空间的政策性建议。宋吉涛等采用DEA（数据包络法）模型，采取全国282个地级市作为样本，对城市土地利用结构效率的特点及与城市规模之间的关系进行了研究。结果表明，整体上我国城市土地利用结构效率偏低，规模收益报酬处于递减状态，不同等级的城市表现出完全不同的相对效率和规模收益报酬递增/减规律。不同土地利用类型对相对效率的影响差异较大，并在不同等级的城市内表现出不同的影响强度和个性。不同等级的城市存在相对合理的土地利用结构状况（宋吉涛等，2006）。而陈蕾伊等为了充分认识县城土地利用结构存在的问题，给土地持续利用提供理论和数据支持，采用计量地理学中优势互补的经济指标，对肥乡县土地数量结构进行了分析。结果表明，肥乡县土地利用多样性较低，多样化指数差异较小，土地集中化程度高，土地利用整体功能偏弱。土地总体利用程度不高，组合类型以耕地为主，耕地比例较高并在所有乡镇都有区位意义。他们在该县土地利用状况分析的基础上，针对存在的问题提出对有限建设用地上增加投资额度，加快农村劳动力转移，充分挖掘资本和劳动力两大生产要素的整改思路（陈蕾伊等，2014）。李艳等以雅安市多年乡镇土地利用结构和衡量乡镇经济状况的指标GDP为基础数据，以经济效益好的乡镇为样板，通过多元线性回归分析，确定影响乡镇经济GDP的主要土地利用类型，建立土地利用结构优化原则和模型，并对该市雨城区乡镇土地利用结构进行目标优化和效果预测（李艳等，2013）。结果表明，优化后的土地利用结构更加合理，稳定了耕地数量，适量增加了园地和建设用地，大幅度减少林地，使全区GDP总量和单位面积量增加了近1倍，同时兼顾了社会效益和生态效益。张薇等利用GIS强大的数据管理和空间分析能力，结合数学模型、智能算法以及土地利用辅助决策手段，总结了GIS在土地利用结构优化研究中的应用，阐述了不同优化方法的优缺点，分析了未来一定时期内GIS应用于土地利用优化研究的发展趋势（张薇等，2014）。

随着土地资源的稀缺和紧张，土地利用中的生态环境问题也逐渐成了人们关注的对象，因此针对土地利用的科学规划，景观格局设计和土地承载力的评估及利用方式调整等方面也成为了社会和经济发展中所必须解决的问题。

王志敏根据2010年第二次土地调查成果数据，利用景观生态学中的方法定量分析了高州市土地利用结构的地域差异（王志敏，2012）。结果表明，研究区土地利用结构自东北向西南逐渐递变，其中多样性和均匀度逐渐增大，土地利用组合类型数量多，集中化、优势度逐渐减小；各区域优势土地类型存在差异，东北部以林地为主，中部为园地，西南部为耕地；各镇土地利用组合类型从1～5类不等；研究区土地利用结构区域差异的成因主要包括地形地貌、区位条件和经济发展水平。定量计算方法能较好地反映一定区域内不同局部土地利用结构差别，可以为区域内土地利用分工协作提供很好的研究工具。张健等利用滁州市1996～2005年土地利用变更数据作为研究的基础材料，运用景观生态学中多样性指数、优势度指数和均匀度指数等有关结构数量分析的方法，对研究区土地利用结构的分异进行了定量分析（张健等，2007）。结果表明，这种方法能很好地揭示滁州市近几年来土地利用结构特征的变化规律；滁州市土地利用结构变化特征更趋多样化和平均化，变化强度是：牧草地 > 交通用地 > 园地 > 未利用地 > 林地 > 居民点与工矿用地 > 耕地 > 其他农用地 > 水利设施用地，林地、居民点及工矿用地和各县（市）各类用地的相对变化及结构变化情况存在显著差异，主城区和下辖各县（市）土地利用变化强度不同。土地利用规划忽视未来不确定性，令规划束缚过紧，导致规划失效。目前，规划编制规程与规划理论界重视规划弹性研究，而对弹性空间大小一直未有科学测算。

土地利用结构优化是实现区域土地合理利用的重要途径，城市圈作为地区发展的集群，在发展中应遵循协调一致、互动发展的原则。余光英等基于土地发展潜力对武汉城市圈土地利用结构优化进行了研究。分析表明，在土地利用结构优化尤其是建设用地指标分配中更应以各城市的土地发展潜力为指导。土地利用结构优化对建设用地根据其发展的水平和潜力进行了调查。合理的土地利用结构是实现土地集约和节约利用的关键，土地利用结构优化的研究必须立足区域整体，兼顾各自的发展优势与特色，合理地分配各类用地指标（余光英、员开奇，2013）。李鑫等基于区间优化模型计量土地利用结构弹性区间，为土地规划中弹性空间大小划定提供了参考。通过介绍区间优化的一般概况与用地的标准形式，以及模型中区间数大小来确定根据，并以江苏扬州为例计算最好最优值与最差最优值对应的土地利用结构区间，以该区间为基础用计算机程序求取区间中有效向量的密度达到一定要求时土地利用结构的弹性区间（李鑫等，2013）。结果表明，到2020年扬州土地利用最好最优值是1.72×10^8万元，最差最优值是6.77×10^7万元。不同土地利用类型中，对不确定性承纳贡献最大的是水域、林地、交通用地、水利用地，而最小的是未利用地。不同用地中对不确定因素变化敏感性最大的是林地、交通用地、水利用地，而敏感性最小的是耕地。该研究成果为土地利用规划中不同用地弹性空间大小的划定提供了理论支撑与科学方法。

对国内外多年来针对土地利用类型分类、结构合理性的计算与分析、结构调整、土地结构与城市经济和社会发展等多个方面的研究结果进行总结和概括，阐述了土地利用结构在社会经济和生态文明建设中的重要性，为山西坡耕地及水土流失的治理和防控提供思路与技术参考，解决了山西省汾河上游地区粮食种植和生态文明建设之间的矛盾。

2.2　农业面源污染研究进展

近年来，随着我国经济社会的快速发展，粮地矛盾日益突出，因此农药和化肥的施用量急剧增加。在黄土高原地区坡耕地仍在进行种植，加上我国化肥利用率较低，大量的农田养分随降雨径流、农田灌溉排水、土壤渗漏等途径进入水体，导致水体富营养化问题加重，对江河湖泊水质产生严重影响，使得我国的农业面源污染形势十分严峻。在面源污染过程中，坡耕地由于分布的广泛性和零散性，对降雨、径流和泥沙的入渗、抗蚀能力等相对较弱，在农业面源污染中扮演着重要的角色，是农业面源污染防治的重点。尽管早期面源污染也一直存在，但还未引起人们足够的重视，所以针对坡耕地面源污染的研究相对较少。但近几十年来，面源污染已成为世界上多个国家和地区关注的重点。

2.2.1　国外研究进展

随着城市工业点源污染的控制，面源污染逐渐变成了环境问题是否被有效解决的关键因素。农业面源污染具有覆盖面广和不确定性的特点，使得难以控制，越来越引起人们的重视（Hongpeng et al，2008）。Raymond 等通过调查对水面面源污染特点、污染源、相关性、浓度和污染量等的比较分析得出面源污染包括降雨、林地径流、平地径流、农田径流、村庄排泄物径流、农田排水、灌溉、城市陆地径流、垃圾场渗漏和饲养场径流等几种（Raymond C. Loehr，1947）。农业面源污染与农田耕作措施具有较大关系，污染源主要来源于肥料和农药的大量使用。科研工作者对免耕、少耕和传统耕作三种方式下，通过肥料总量、施肥方法和季节、浇水方式（沟灌、畦灌和喷灌）之间的相互关系进行了分析。同时，为了控制农业面源污染，有人建议农业生产中进行农业景观设计可以有效地控制农业面源污染的发生（Jiang et al, 2007）。

在很多区域性环境问题中，土壤侵蚀导致的面源污染被视为是根本原因和输移过程。Fu B、Ma K、Zhou H 等对黄土高原丘陵沟壑区 5 种土地利用结构（无草地、坡地草地－农田－林地、坡耕地－草地－林地、梯田－林草地、坡耕地－林地－草地）下土壤养分流失特性进行了 15 年的不间断研究，测试分析了不同土地利用结构下土壤中总氮、总磷、速效氮、速效磷和有机质的差异。结果表明，坡耕地－草地－林地和梯田－草地－林地这两种结构具有更好的改良和保护土壤结构的功能（Fu B et al,1999）。Liding 等通过沟渠种植野生芦苇和野生稻来研究它们去除污染物的效果，从而找出治理太湖富营养化的有效途径（Liding、Bojie, 2000）。结果表明，沟渠填充泥沙在 40 cm 深度可以富集有机质和总氮、总磷与填充泥沙中的有机质为正相关。这表明总氮的富集主要来自植物沉积的有机氮。沟渠里种植两种植物后沉积物的 pH 和总氮之间为负相关关系，而季节性地收割种植物是从湿地去除氮和磷的有效方法。种植物对氮和磷具有较强的吸收能力，收割种植物在 0～20 cm 处能有效降低总氮浓度。然而，由于芦苇和野生稻低廉的经济价值，不能激发农民大量种植这种对水体富营养化具有显著改善作用的植物。因此，发现或找到一种或多种具有经济价值和生态价值的替代物对治理水体富营养化具有重要意义。

美国河流污染的第一大污染源与中国类似，也是由农业面源污染导致的（Miller, 1992）。在美国，地表水体的污染物中有 46% 的泥沙、47% 的总磷和 52% 的总氮均来自于农业面源污染（US Environmental Protection Agency, 1994）。在欧洲，农业非点源污染同样是造成地表水富营养化最主要的原因（杨爱玲、朱颜明，1998）。输出到北海口的总氮和总磷中有 60% 和 25% 来自农业面源污染；荷兰的水环境污染中 60% 的总氮和 40% ～50% 的总磷是由农业非点源污染引起的（Boers、Paul,1996）。丹麦 270 多条河流中，94% 的总氮和 52% 的总磷来源于非点源污染的贡献（Kronvang et al, 1996）。Kirkby 根据试验得出坡度与土壤侵蚀之间存在的关系（Kirkby, 1969）。针对坡度对水土流失方面的研究很多，也取得了一定进展。McCool 和 Yair 等发现不同下垫面下坡度并不总是与侵蚀泥沙量呈正相关，而是在到达一定坡度后出现相反结果（McCool et al, 1987；Yair、Klein, 1973）。

发展中国家和新兴国家的主要河流同样也遭受到越来越严重的水质恶化问题。Monika Schaffner 等以在泰国中部 Thachin 流域营养物质中使用的数学物质流分析(MMFA)作为辅助方法对河流水质下降原因进行了研究,概括了Thachin流域各点和非点污染源的来源和流动路径(以氮和磷计),并确定和讨论了针对主要营养物质流动关键参数的可能缓解措施。结果表明,水产养殖(作为点源)和水稻种植(作为非点源)是Thachin流域的主要营养源。其他的点源,如养猪场、家庭种植和工业,与农业污染关系密切。基于该敏感模型参数的标志,营养负荷为污染来源,模拟的营养负荷与实测养分含量的比较表明,营养物质保留在河流系统比较显著。沉淀在缓慢流动的地表水网络,以及从海水中排放的氮,都受到空气的重要影响,而且沿河岸的湿地发挥了营养汇的重要作用(Monika Schaffner et al, 2007)。Braskerud为了了解面源污染中影响磷留存的因素,对挪威寒冷地区四个表面流湿地进行了3~7年的调查。这些湿地面积在350~900 m^2,建立在一级支流上。在较高水位(0.7~1.8 m/d)时湿地入口总磷滞留率在21%~44%,相当于每平方米湿地每年去除26~71 g。由于水压的增加导致颗粒沉降速度增加,模型常数也随着增加。因此,尽管水压负荷增加,滞留量和水力负荷也在增加。此外,多元线性回归分析显示,滞留受到一些外部变量的影响,例如,磷输入量、季节、悬浮物中磷含量和磷沉降速度等。结果表明,一级模型不太适合估算重力对湿地中的磷滞留量。较好的统计预测模型是通过从两个独立试验湿地中所获取资料获得的统计预测模型,差异为0.1%。调查显示,小型湿地对土地管理领域是一个有效补充。然而,目前针对污染物如何进入湿地的调查研究尤为必要,这些内容可以用在提高湿地的布局及相关领域。Braskerud同时也对低温状况下四个表面流湿地氮潴留情况进行了调查。这些湿地面积在350~900 m^2,占流域面积的0.06%~0.4%,主要是为了控制和减少流失土壤颗粒和磷进入水体的量。由于水力负荷较高(0.7~1.8 m/d)和低温(-8~18 ℃),氮潴留占输入氮的3%~15%。这表明每平方米湿地每年的氮潴留量在50~285 g。沉积在有机颗粒中是氮潴留的主要过程,当水力负荷较低时湿地的脱硝作用也很显著。在发洪水时随着水力压力的增加,有机颗粒的潴留率(43%~67%)也增加,而有机质与较高的土壤颗粒沉降率有关。随着时间的延长,湿地潴留的有机氮逐渐转化为无机氮,氮潴留率下降,并从湿地中释放出来(Braskerud, 2002)。

监测和评估土地利用变化在时间和空间尺度上的差异将揭示界面波动、降雨和径流的周期变动、人口变动、环境灾害的发生和农业耕作模式等的改变。在遥感和地理信息系统的协助下,识别土地、资源和环境在长期内的相互影响已经成为近几十年来的主要手段。Shu-Kuang Ning等利用台湾Kao-Ping

河流域土地利用类型的遥感影像、遥感卫星影像对土地利用类型进行了解析。结果表明，过去10年中果园、农田、草地、裸地、居民用地和水域等8种土地利用类型变化最大，并实地调查进行了验证。在此基础上，对几种土地类型和河流用数值模拟了土壤侵蚀对面源污染的关系。结果表明，近10年来，果园的增加对河流水质形成了显著的威胁，林地的持续减少对水质管理形成了显著的潜在影响。近10年来，面源污染导致Kao-Ping河下游河流水质恶化，从长远来看，对土地完整性形成了不可逆的影响(Shu-Kuang Ning et al, 2006)。土地植被覆盖度、坡度、土壤特性都对沉积物和水质具有影响，其中土地植被覆盖度对水质的影响最大。土地植被类型是溶解养分和悬浮物进入河流时迁移和截留的介质。本文根据盆地内污染源"贡献区"的方法检验了硝酸盐的污染特点，整个过程中，用GIS和RS工具将土地植被覆盖类型分为盆地和"贡献区"，开发了"土地利用/土地覆盖—营养物联动模式"，该模式表明森林作为一个水槽，并作为森林内区域贡献的增加(或农业用地减少)的比例。模型中，住宅/城市/建筑区已被确定为硝酸盐贡献较多的区域，其他的贡献类型是果园、农业用地和其他农业活动(Prakash Basnyat et al, 2000)。Maillard等评估河流附近在半干旱环境下土地利用/覆被对面源污染的影响，并在巴西东南部一个较大的流域里进行了测试。这种方法的主要目的是确定不同水质条件下滨河区域的宽度、土地利用/覆被数据来源与遥感资料的吻合程度。通过试验了解在雨季和干旱季节两种情况下土地利用/覆被变化对表面径流的影响。通过GIS和统计分析制图建模来确定水质和土地利用与河流距离之间的关系。结果表明，土地利用/覆被变化和径流浑浊度、氮和大肠杆菌量之间具有显著相关性。这也表明离河流较近时，土地利用变化对这些水质参数具有独特的影响。还表明，该模型在雨季更加有用，而一些参数在干旱季节则表现出相反的效果(Maillard、Santos, 2008)。Chowdary等指出在灌溉区域，从作物根际区域和土水界面渗出水中的肥料和其他农业化学物形式的农业面源污染是地下水污染物的主要来源。稻田里渗漏水中溶解肥料中的氮，是氮素污染的主要来源。硝酸盐在渗滤水的浓度取决于区域中氮的分布和平衡。地下水中氮的浓度取决于全氮交换量、污染载荷、地下水流动和溶解物随水流的转移。GIS的发展和应用作为不同领域集成工作的支撑框架，在渠道灌溉工程中，面源污染对地下水污染过程和风险评价的模型中具有重要作用。GIS在区域空间变化中具有重要的使用价值，并以数据形式输入系统，以图形形式展现氮变化和平衡。图形形式通常被用来提供污染物补给的空间分布和污染物输入到地下水以及在地下水中的传输。在农业生产大型灌溉项目中，水和肥料的使用可以用这种模型来指导和评估(Chowdary et al, 2005)。Ake Sivertun 等运用 GIS 技术对瑞典诺尔雪平 Gisselö 小流域面源污染的风险进行了分析。该小流域是个海湾流域,出口注入波罗的海,由于流域出口较小,因此该流域水质主要受上游河流来水的水质影响。该小流域主要的面源污染来自农业生产,主要污染物为施加到农田里的磷。该流域面积为 57.7 km^2,农业用地面积较大。水体污染物的运移,主要是基于土壤侵蚀和沉积物运移的水文特性。在模型选择中,特别注重用经过验证的模型,这种模型不需要太多的专业知识就可以在商业地理信息方面进行使用,而且在面源污染信息管理方面具有较大的使用空间。通过 GIS 中的 USLE 模型对该流域污染物和沉积物的运移进行评估与预测,能直观显示对水质有重要影响的区域。同样通过模型,预测了同一区域 Svarta 流域 1 539 km^2 内的悬浮物和全磷载荷,用为期一年的监测比较,预测相关系数 R^2 在 0.91 ~ 0.98,这表明用 GIS USLE 预测可能存在的污染风险是可行的(Ake Sivertun、Lars Prange, 2003)。Lee 等介绍了基于 GIS 水文系统的 AVSWAT 模型,该模型主要用于对流域尺度面源污染的评估分析。GIS 作为该系统的部分模型,除传统的数据收集、储存、组织等功能外,增加了针对流域的水文特性分析功能。GIS 也具有直观的用户界面图形功能,而且已发展为可提供与模型和相关数据有效联动功能的模块,当保持和增加其可靠性时,便可提供水质评估结果。这是 GIS 和 SWAT 相互结合的结果,由美国农业经验模型建立的空间参数,是概念明确的水文可持续发展模型。通过一步步的实例使用,该模型在田纳西中心流域被使用,包括功能验证、模型特点和参数的校核,目前该模型已在世界多个地区被用在面源污染领域(Lee et al, 2010)。Di Luzio 等评估了 SWAT(土壤和水评价模型)中 BMPS(最佳管理试验)模式用在 1.21 km^2 小型农业湿地上对污染物的削减效果。准备了精度为 2 m 的土地影响,并用 1999 ~ 2000 年的日流量和 2001 ~ 2002 年每月的水质(TP、TN 和 TSS)状况对 SWAT 模型进行了校核和有效化处理。河流流量的平均 Nash 和 Sutcliffe 模型有效性为 0.63,TSS、TN 和 TP 的有效拟合系数分别为 0.88、0.72 和 0.68。在试验中运用了 4 种最佳管理试验,分别为植被过滤带、河岸缓冲系统、通用土壤流失方程 P 因子调节和作物施肥量控制(Di Luzio et al, 2004)。Dorner 等用贝叶斯概率网络方法创建的用多目标系统模型来模拟和分析面源污染环境模型的方法。模拟系统经常涉及用单个域(物理或化学过程建模,水文或组合)来模拟自然过程,如污染物的运输过程等。多目标建模试图通过理论决策原则针对多个问题进行,这种处理被设计为生产耦合和废物系统,量化了经济开支或补救措施。该模型对于非点源污染模型将进行数据采集，模型校准各假设检验方面的应用，并与加拿大安大略省部分地区基于作物轮作的净营收模式在农业生产中所获取的真实数据相结合进行了模拟验证。结果表明，作物轮作的净营收模数数据对这种模型是可行的(Dorner et al, 2007)。Richard Cabernet 等为非点源污染控制设计中环境信息的作用设计了贝叶斯框架模型。通过检验周边环境状况，评价污染物的空间传播和影响，并征收相应的环境监测税。环境信息不完整的区域，必须进行环境监测。潜在的关键信息问题主要有：以前存在的不均匀浓度和传播影响，周边浓度监测收费问题，关于浓度和传播最佳的征费信息等(Richard Cabernet、Joseph A. Herriges, 1992)。

人类活动、植物和动物的传播造成的水质恶化已被确定为热带沿海生态系统退化的一个主要因素。Polyakov 等用 AnnAGNPS 模型(年非点源污染模型)评估了夏威夷岛一个 48 km^2 流域内径流和水土流失的问题，并使用 2 年的河流流量和输沙量数据对该模型进行了验证和校准，并进一步对空间雨量分布和林冠截留信息进行了评价(Polyakov et al, 2007)。用实测数据与AnnAGNPS模型预测的月径流量相比，准确性显著($R^2=0.90, P<0.05$)。然而，在干旱的月份(5～7 月)，预测和实际监测数据间差异性达到了 60%。对日径流的预测并不准确($R^2=0.55, P<0.05$)，日沉积量的实测数据和预测值相关性不显著($R^2=0.5, P<0.05$)。在较小范围内的预测，对产沙量的预测偏高，但对大范围的预测结果较准确。结果表明，模型的输入参数对地面秸秆覆盖和树冠覆盖值最敏感，大约 1/3 的流域面积泥沙产流较低($0\sim1$ t/($km^2 \cdot a$))，土壤侵蚀危险较小。然而，5% 的流域面积泥沙产生量超过 5 t/($km^2 \cdot a$)。总体而言，该模型预测结果较好，可以作为热带地区小流域泥沙预测和管理的一个工具。

面源污染难以被识别和控制，是城市河流水质下降的关键因素。Gordon Mitchell 利用可持续排水系统对面源污染这种扩散性污染进行了分析，这种系统通常建立在新兴城市中，对减少扩散性沉积具有一定的帮助。由于这种系统在那些城市建成区域修建具有一定的限制性，从而研发了 GIS 半分布式随机模型，并对小面积范围内的 18 种重点雨水污染物的载荷进行监测和图形绘制。污染物载荷图与地表水体水质信息相嵌，而地表水质信息是受纳水体污染物扩散风险允许图的反映。这个模型帮助可持续排水系统在城市污染物扩散方面的规划和管理。水质项目污染物扩散系数的确定与污染物风险评价方法，是欧洲污染物控制框架指导的重要内容(Gordon Mitchell, 2005)。Abdelzaher 等首次针对海洋指示微生物和病原体进行了评估，并针对南佛罗里达州面源污染导致的休闲海岸带微生物和环境条件间的关联性进行了分析。在潮涨和潮落的不同水位与太阳照射情况下，在四个样点，共收集了 12 个水样和 8 个砂样。分析内容包括粪便指示菌（FIB）（粪大肠菌群、大肠杆菌、肠球菌、产气荚膜梭菌）和人类相关的微生物源跟踪（MST）标记物（人多瘤病毒［HPyVs］和屎肠球菌 ESP 基因），以及创伤弧菌、金黄色葡萄球菌、肠道病毒、诺如病毒、甲型肝炎病毒、隐孢子虫、贾第虫和属。通过定量 PCR 测定，水和沙子中的肠球菌浓度均大于膜过滤测量确定的浓度。样品的 4/3，水中 FIB 的浓度低于娱乐用水水质标准，同时也没检测到病原体和 MST。在涨潮和低太阳暴晒条件下检测到较高的微生物水平，并进一步探索在亚热带海水潮涨和潮落以及太阳辐射变化时非点源污染指示微生物和病原体之间的关系（Abdelzaher et al, 2010）。

植被缓冲带是径流进入水源之前过滤污染物的可行方法。然而，有效的植被覆盖率在植被缓冲带建立第一年后对污染物的过滤效果并不高。Marc Duchemin 等针对灌草缓冲带施加液体猪粪后对玉米地径流和灌排水的初始过滤效果进行了评价。试验设立了四个随机的区域，每个区域有三个试验块（T1、T2 和 T3）。试验块为草皮（T2）缓冲带和草皮杨树（T3）缓冲带，对照块（T1）为没有植被的自然状态。测试内容为缓冲带径流和排水中粪便的总悬浮物（TSS）、TN、TP 和大肠杆菌。试验第一年（2004）的结果表明，T2 缓冲带削减径流量 40%，TSS 87%，TP 86%，可溶态 P 64%，NH_4^+ 57%，NH_3^- 33%，大肠杆菌 48%；T3 缓冲带削减径流量 35%，TSS 85%，TP 85%，可溶态 P 57%，NH_4^+ 47%，NO_3^- 30%，大肠杆菌 57%。和 T1 相比，T2 和 T3 缓冲带灌排水分别增加 16% 和 8%。同样随着灌排水增加，T2 试验块 TP 增加 418%，可溶态 P 增加 23%，大肠杆菌增加 24%；T3 试验块 TP 增加 347%，可溶态 P 增加 27%，大肠杆菌增加 18%。对比分析表明，NH_4^+ 和 NO_3^- 在 T2 的灌排水中分别减少 8% 和 63%，T3 中分别减少 11% 和 68%。从径流和灌排水总量来看，T2 和 T3 两种缓冲带在防治液体猪粪肥料的农业面源污染中共削减径流 15%、TSS 85%、TP 75%、可溶态 P 30%、NH_4^+ 50%、NO_3^- 60%、大肠杆菌 25%，而 2～3 年生的杨树缓冲带对污染物的防治效果不显著（Marc Duchemin、Richard Hogue, 2009）。

农业面源污染在美国、德国、丹麦、巴西、西班牙等欧美国家也是非常严重的一种污染形式，而且对这些国家的生态环境和资源浪费都形成了较大的危害，既对物质资源造成了浪费，又对生态环境形成了破坏，并进一步加剧对资源的浪费，形成了恶性循环。因此，针对面源污染的预防和控制已经成为各国政府部门和环境领域科研工作者今后很长时期的主要奋斗目标。

2.2.2 国内研究进展

水土流失和农业肥料过量使用引发的面源污染问题已引起全世界范围内的广泛关注。我国是一个水土资源流失较严重的国家。水土流失导致土壤质地下降和水资源浪费的同时,也将土壤中大量的养分运移到河流湖库,对生态环境造成危害。目前,我国氮肥使用量已跃居世界第一,单位面积的施用量也高于世界平均水平。而我国农田氮肥利用率仅为20%~40%,流失的肥料氮一部分会进入地表水和地下水环境系统,使水质受到硝酸盐氮的污染。

我国对非点源污染的研究起步较晚,但近年来取得了较多成果。我国真正意义的研究从20世纪80年代的北京城市径流污染研究开始,主要是对农业非点源污染和城区径流污染的宏观特征与污染负荷定量计算模型的研究。许多研究显示,尽管地表水水质的影响因子很复杂,但随着点源污染的有效管理和控制,非点源污染尤其是农业非点源污染成为决定地表水水质的主要因素。不适当的土地利用方式和农田管理模式会导致土壤侵蚀和过量的氮、磷随地表径流流失,从而形成对河流的大面积非点源污染。2004年我国农田化肥流失氮进入水环境的数量达到493.4万t,通过淋洗和径流损失分别有129.1万t氮进入地表水、51.7万t氮进入地下水,这些氮导致地表水的富营养化和地下水的硝酸盐富集。其中,硝态氮淋溶被认为是旱地农田氮素损失的主要途径,也是引起地下水中硝酸盐氮含量升高的重要原因。

目前,尽管水库的富营养化程度小于湖泊,但由于受到农药、化肥和水土流失等的影响,农业面源污染对水库的影响也出现严重的趋势。北京市的主要饮用水源地密云水库,受农业面源污染的影响,水质恶化,属中营养型水体,正向富营养化发展。农业面源污染对我国东部湖泊污染的贡献率已超过一半,洱海的氮、磷污染分别占流域污染的97.1%和92.5%(吕耀,1998;鲍全盛、王华东,1996)。农业面源污染是我国太湖、巢湖、滇池等重要湖泊水质恶化的重要原因之一,总氮和总磷分别占污染负荷的60%~70%和50%~60%(蒋鸿昆等,2006)。江忠善等根据黄土丘陵沟壑区的降雨溅蚀观测结果,发现总溅蚀量的临界坡度为26.3°(江忠善、刘志,1989)。路炳军等以官厅水库上游地区的北京市延庆县上辛庄坡地径流场7个不同植被覆盖度坡面径流小区为研究对象,采用垂直照相法以15 d为一个周期观测和控制小区植被覆盖度,采用传统取样和测定方法测定小区产流后的径流量、泥沙量及污染物流失量。利用2003年和2004年7个植被小区24场降雨径流泥沙资料,分析了不同植被覆盖度下径流量、土壤侵蚀模数及污染物流失量，来定量说明植被覆盖对面源污染的影响（路炳军等，2006）。研究结果表明，土壤流失量与植被覆盖度之间呈负指数相关关系，当植被覆盖度达到 30% 时，土壤流失量已小于北方土石山区的土壤容许流失量 200 $t/(km^2 \cdot a)$；随植被覆盖度的增大，径流量和污染物流失量逐渐减小，与覆盖度为 0 的裸地小区相比，当植被覆盖度达到 50% 时，径流与污染物减少效益均达到 65% 以上。甄宝艳等对河北桃林口水库大暖泉径流小区产流次数、冲刷量、径流深、植被覆盖度等指标的监测及分析，得出随着植被覆盖度的增加，产流次数与径流深趋于减少；农业种植与裸地的产流次数与径流深在各径流小区中最大；坡耕地玉米种植小区的冲刷量最高，裸地坡面冲刷量次之，梯田种植桃树与水平阶种植桃树的小区冲刷量最小；冲刷量与植被覆盖度间符合指数函数关系（甄宝艳等，2010）。结合径流小区冲刷量及坡度的关系，建议该区 16°以上的坡耕地应退耕还林，并在退还时考虑辅之以梯田、水平阶等工程措施。

目前，农业面源污染主要侧重于小流域范围内，或水库水源区内不同土地利用方式下的氮、磷流失方面。如，李恒鹏等利用 ArcGIS 和 GIS 相结合的方法对太湖流域不同土地类型的面源污染物氮、磷和 COD 产出进行了研究（李恒鹏等，2004）。李庆召、梁涛、罗璇等对丹江口水库区的胡家山小流域和官厅水库周边不同土地利用方式下的氮和磷输入进行了模拟研究（李庆召等，2004；梁涛等，2005；罗璇等，2010）。张佳琪等对片麻岩坡面坡度在土壤侵蚀和养分流失方面的影响的研究表明，初始产流时间与坡度之间呈明显的负相关，而且坡面上径流深、产沙量、养分流失量存在临界坡度（张佳琪等，2013）。

小流域往往是一些河流、湖泊、水库的源头，其径流携带的养分会造成河流、湖泊、水库水质恶化甚至富营养化，因此控制小流域非点源污染输出具有重要意义。土地利用结构是影响水文、水环境的重要因素，土地利用结构变化改变下垫面特征，对水循环及物质输移产生极大影响。研究表明，土地利用结构是影响非点源污染的关键因子，因此定量地分析小流域内土地利用结构对水质时空变化的影响，研究土地利用结构变化的水环境响应，对流域水土资源可持续利用以及水环境管理具有重要的指导意义。$NO_3^- - N$ 在土壤中很少被吸持，主要以溶质的形式存在于土壤溶液中，它的运移速率直接受土壤水分含量、土壤的物理性质和水流运动速度的影响。坡耕地在径流过程中通常会产生两种径流模式：地表径流和土壤壤中流。土壤壤中流是营养盐损失的途径之一，而 $NO_3^- - N$ 是氮素淋失的主要形态。流域植被覆盖度作为评价流域综合治理效益的指标，已被黄土高原综合治理试验示范区广泛采用。彭圆圆以鹦鹉沟为例研究了典型小流域非点源污染发生的过程。结果表明，覆盖度对于径流小区产流、产沙、养分流失的影响最为显著，随着覆盖度的增加，坡面径流量、产沙量、壤中流均有明显减小趋势，而且土壤的淋失作用主要表现在0～20 cm深度下，且与植被覆盖度及种植作物种类关系更为密切，并进一步分析建立了径流小区坡面及典型小流域水土－养分流失的耦合关系。氮素流失量与地表径流量、壤中流量、泥沙量关系良好。磷素流失量只与地表径流量、泥沙量之间具有良好的线性关系(彭圆圆，2012)。张兴昌等以8.27 km^2纸坊沟流域1∶400比例模型为研究对象，在人工控制条件下，模拟天然降雨下不同植被覆盖度对流域氮素流失的影响，揭示小流域土壤氮素随径流流失的规律。研究表明，当流域植被覆盖度分别为60%、40%、20%和0%时，土壤铵态氮流失量分别为87.08、44.31、25.16、13.71 kg/(km^2·a)；硝态氮流失量分别为85.50、74.05、63.95、56.23 kg/(km^2·a)；流域有机质流失量分别为15.67、24.02、44.68、164.87 kg/(km^2·a)；全氮流失量分别为0.81、1.18、1.98、7.51 t/(km^2·a)。产流过程中径流及泥沙中氮素含量随产流时间的延长呈下降趋势，而流失累积量呈逐渐增大趋势。植被覆盖度虽能有效地减少土壤侵蚀和全氮的流失，却能增加土壤矿质氮的流失(张兴昌等，2000)。

黄土高原是我国水土流失最为严重的区域之一。养分流失作为水土流失的孪生兄弟，往往对河流湖库的水生态环境恶化起着更加严重的影响。Fu B等对具有典型黄土丘陵沟壑区特征的羊圈沟小流域在三个空间尺度上针对土地利用变化对土壤侵蚀、养分与水分的分布和流失的影响进行了研究。从1984～1996年，森林和草地分别增加了36%和5%，坡耕地减少了43%。土地利用变化使年土壤侵蚀量减少了24%，土壤中全氮、全磷、速效氮、速效磷、表层土壤(0～20 cm)有机质、0～70 cm土壤水分含量表明，从山脚到山顶土地利用类型分别为“农田－草地－森林”的土地利用结构比其他土地利用结构具有更好的保持土壤和养分能力。土壤养分含量的顺序为：森林＞草地＞坡耕地，土壤水分为：森林＜草地＜坡耕地(Fu B et al，2000)。李强坤等通过对黄土高原面源污染的调查，提出了黄河流域非点源污染研究初步框架(李强坤、李怀恩，2010)。黄河流域非点源污染可分为农业非点源污染、水土流失型非点源污染、城市非点源污染和库区非点源污染。并在研究方法上结合区域污染特征，选择典型区，采取点面结合、模型集成等手段对非点源污染的负荷定量化、干流水质的影响评价及相关控制管理措施等方面进行了研究，构建了基于点源和非点源污染共同作用下的黄河干流河段典型污染物迁移转化模型。黄土高原地区面源污染主要有坡耕地、畜牧业和生产生活垃圾的排放等多种来源。于泽民等针对黄土高原农村面源污染的来源与特点，分析了农业、畜牧业、生产和生活垃圾所产生面源污染的危害，初步估算了主要面源污染物的流失量，并根据调查研究区的具体情况提出了相应的农村农业面源污染防治对策，旨在为解决农村面源污染问题和保护农村生态环境提供借鉴（于泽民、郭建英，2014）。非点源污染是影响地表环境的主要污染方式之一，针对黄土高原丘陵沟壑区水土流失这一典型的非点源污染问题，应用非点源污染空间识别方法——景观空间负荷对比指数和景观坡度指数，索安宁等对黄土高原泾河流域 12 个子流域进行了实证研究。结果表明，耕地、低覆盖度草地和各种林地的景观坡度指数和景观空间负荷对比指数对流域土壤侵蚀模数有显著的响应关系，对径流深存在着一定的响应关系，而对径流变异系数和侵蚀变异系数没有明显的响应。说明景观空间负荷对比指数和景观坡度指数对流域水土流失具有一定的指示作用，可作为水土流失等非点源污染空间风险评价的一个有用方法（索安宁等，2006）。

土地利用方式是影响土壤侵蚀和土壤养分流失的主要因素之一。改革开放以来，随着经济和社会的高速发展，土地利用结构发生了翻天覆地的变化。针对土地利用结构变化和土壤养分的流失进行研究，对面源污染的预防和治理具有一定的指导意义。为探明长期（1995 年开始）不同土地利用方式对红壤坡地径流氮素流失的影响，陈安磊等通过 2011 年 10 月至 2012 年 9 月连续 12 个月 23 次径流水质动态分析，研究了自然林、草地、农作、油茶林和湿地松五种坡地利用类型下径流水中氮素迁移特性及其泥沙和植物残体氮的年流失总量。结果表明，径流水中氮素流失量随土地利用方式的不同表现出明显差异，径流水中氮素流失负荷为 85.1 ~ 655.5 g/hm^2，大小顺序为农作 > 油茶林 > 湿地松 > 草地 > 自然林。径流中氮素以无机态氮（DIN）为主，其中硝态氮是 DIN 的主要形态，占全氮的 31.5% ~ 54.8%，是铵态氮（NH_4^+-N）的 1.8 ~ 5.8倍，可溶性有机氮（DON）含量较低，仅占径流 TN 的 10.1% ~ 17.1%，远小于颗粒态氮（PN）所占全氮比值（21.4% ~ 37.2%）。泥沙和植物残体氮素年流失量分别为 37.0 ~ 154.2 g/hm^2 和 28.1 ~ 249.6 g/hm^2，占各利用方式下氮流失总量的 17.0% ~ 77.1%，其中自然恢复林地所占比例最高（77.1%），而其他利用方式泥沙和植物残体氮素年流失量（17.0% ~ 30.3%）远低于通过径流流失的氮量（69.7% ~ 83.0%）。总体来看，径流量是导致土地利用方式间氮迁移通量产生差异的主要驱动因素（陈安磊等，2015）。龙天渝等以美国通用土壤流失方程为基础，通过考虑引起流域土壤流失年际变化的水文条件和土地管理因素及泥沙输移过程的时空差异，提出了能够反映流域泥沙输出量逐年动态变化的估算方法，并以嘉陵江流域为研究对象进行了验证。在此基础上，根据流域吸附态氮磷污染年负荷与年泥沙输出量的相互关系，建立了流域吸附态氮磷污染年负荷模型。基于地理信息技术，应用所建模型，对嘉陵江流域1990～2005年因水土流失产生的吸附态氮磷污染负荷的空间分布进行了模拟和定量研究。结果表明，该流域吸附态氮磷流失较严重的地区主要分布在上游的白龙江和西汉水子流域；近年来，由于流域水土流失治理工作的进展，吸附态氮磷污染负荷逐年减少，近5年平均吸附态氮磷污染负荷分别为34 423 t/a和1 848 t/a，与1990年相比减少约60%（龙天渝等，2008）。宋述军等利用遥感和地理信息系统技术获取岷江流域土地利用类型，并在分析该流域内地表水质监测数据的基础上，研究了不同土地利用结构与地表水水质的相关关系。结果表明，在以单一土地利用类型为主控制的区域中，林地和草地控制的小流域的地表水水质明显优于耕地；在不同土地利用类型的组合结构中，地表水水质的优劣状况介于林地、草地和耕地为主控制的小流域之间；在其他条件相似时，随着小流域内林地和草地比例的增加，非点源污染降低，而随着耕地比例的增加，非点源污染有增大的趋势。此外，土地利用结构对地表水水质的影响不仅表现在数量结构上，同时表现在空间分布上（宋述均、周万村，2008）。

室内模拟试验是研究土壤侵蚀和面源污染的有效方式，这种研究方法所取得的结果与野外监测相比具有条件预设和可控的优点，因此一直在生态环境领域的基础研究方面发挥着重要的作用。王而力等采用小型回填式土柱动态淋溶试验方法，研究了科尔沁沙地不同利用结构层土壤硝酸盐氮淋失规律。结果表明，科尔沁沙地草原、林地和沙荒地结构淋溶液硝酸盐氮浓度平均值低于地下水Ⅰ类水质标准（20 mg/L），农田结构淋溶液硝酸盐氮浓度平均值大于地下水Ⅰ类水质标准。农田结构是造成地下水硝酸盐氮污染的重点区域。科尔沁沙地不同土地利用结构硝酸盐氮淋失强度依次为：农田（96.54 kg/(hm^2 · a)）＞沙荒地（32.84 kg/(hm^2 · a)）＞林地（28.66 kg/(hm^2 · a)）＞草地（15.48 kg/(hm^2 · a)。农田是科尔沁沙地氮素营养管理的重点结构，硝酸盐氮淋失强度与土壤硝态氮含量呈极显著正相关（王而力等，2011）。郑良勇、吴普特等利用人工陡坡侵蚀动力试验和人工模拟降雨方法得出了黄土高原地区临界坡度分别在21°～24°和10°～30°，不同土壤之间差异较大（郑良勇等，2002；吴普特、周佩华，1993）。陈谓南等则针对不同侵蚀类型下优势坡度的分布进行了研究，结果表明，细沟为11°～15°，浅沟为16°～30°，重力侵蚀为40°～60°（陈谓南，1995；陈浩等，1990）。大量研究表明，坡度和土壤侵蚀量之间存在一个临界坡度，许多室内试验表明在 25°～28°。李雯利用同位素示踪法等多种方法对不同坡度和流量条件下坡面径流侵蚀动力变化进行了系统研究（李雯，2006）。郭新送等利用室内自动模拟降雨系统，以 72 mm/h 的恒定雨强进行模拟降雨试验，并通过对模拟降雨后流失泥沙的养分进行定量分析，比较研究了降雨条件下三种发生类型土壤坡面上的泥沙流失特征及其养分富集效应，旨在揭示相同降雨条件下不同土壤类型坡面的泥沙流失规律以及其养分富集效应。结果表明，模拟降雨条件下，红壤坡面受降雨侵蚀最严重，产流排水率及径流泥沙浓度分别为棕壤与褐土坡面的1.21～1.61倍和1.02～8.90 倍，泥沙流失量显著高于棕壤与褐土坡面；三种类型土壤坡面流失的泥沙均具氮、磷、钾富集效应，褐土坡面流失泥沙的氮、磷富集效应以及棕壤坡面流失泥沙的钾富集效应均大于其他土壤类型坡面，其中褐土坡面流失泥沙的氮、磷富集系数分别高出棕壤与红壤坡面 14.27%～73.55% 和 6.56%～52.07%，棕壤坡面流失泥沙的钾富集系数高出褐土与红壤坡面 55.83%～67.28%；棕壤坡面流失泥沙的氮富集系数与褐土坡面流失泥沙的磷、钾富集系数在整个模拟降雨过程中的变化幅度均显著高于其他两种类型土壤坡面；三种类型土壤坡面的泥沙流失量与其养分富集系数多呈显著（$p < 0.05$）到极显著（$p < 0.01$）负相关，通过对数方程可预测相同降雨条件下三种类型土壤坡面径流泥沙中的氮、磷、钾损失（郭新送等，2014）。王而力等采用土槽模型渗流试验方法，结合土地利用结构现场调查资料研究了西辽河流域不同土地利用结构耕层土壤 NO_3^-－N 淋溶输出通量的时空变化规律。结果表明，不同土地利用结构 NO_3^-－N 淋溶输出通量的空间分布规律为农田（50.23 kg/(hm^2·a)）＞沙荒地（12.77 kg/(hm^2·a)）＞林地（8.68 kg/(hm^2·a)）＞草地(4.17 kg/(hm^2·a))，农田和沙荒地对 NO_3^-－N 输出起源作用，林地和草地起汇作用；西辽河流域沙土区耕层土壤 NO_3^-－N 输出总量为 13.86 万t/a，不同土地利用结构的 NO_3^-－N 输出比例为农田（95.31%）＞沙地（4.69%），农田是西辽河流域氮素营养管理的重点结构；NH_3^-－N 输出量夏季（65%）＞秋季（25%）＞春季（8%）＞冬季（2%），夏季是流域氮素营养管理的重点时段；NH_3^-－N 淋溶输出通量与土壤硝态氮含量呈极显著正相关（王而力等，2012）。

面源污染的发生具有广域性，而且污染风险没有点源污染那么直接，但污染的程度和危害也不容忽视。有效识别流域非点源污染高风险区，对污染控制与管理以及水环境质量改善具有重要意义。李根等引入降雨影响系数对输出系数模型进行修正后，全面系统地评估了 2000 年全国（未包括台湾、香港、澳门)因突然侵蚀产生的非点源污染负荷,COD 1 366. 46 万 t、TP 19. 77 万 t、TN 274. 16 万 t,采用重置成本法估算经济损失为 304. 437 2 亿元(李根、毛锋,2008)。经济损失估算结果在一定程度上反映了我国水土流失型非点源污染状况,为水土保持工作和流域水环境污染防治提供了初步量化的决策依据。方广玲等对拉萨河非点源污染输出的风险进行了评估,构建了包括降雨、地形和施肥影响因子的输出风险模型,识别流域各级非点源污染输出风险的地域单元。结果表明,1996 年和 2010 年,非点源污染输出风险概率分别为 50. 0% 和 46. 3%;非点源污染风险处于较高以上程度的区域面积分别为 12 985. 8 km^2 和 11 628. 0 km^2,占全区总面积的 38. 9% 和 34. 9%;与 1996 年相比,2010 年非点源污染风险程度由低级别向高级别转换的总面积约为 6 674. 3 km^2。拉萨河流域非点源污染发生的风险概率为中等,风险程度在局部范围内有所下降,主要表现在高风险区域面积减少、低风险区域面积增加,但是中等和较高风险区域面积有增加趋势(方广玲等,2015)。土地利用变化、农业生产和水土流失是非点源污染发生的主要原因,应巩固生态环境综合治理成果,提前应对可能出现的非点源污染问题,制定生态农业发展规划,营造控制非点源污染迁移的植被缓冲带。

针对面源污染提出的治理方法较多,主要包括工程措施和植物措施。其中工程措施有坡耕地修建水平梯田和作物埂等。作物措施有农作物混播、轮作、间作、作物篱等具体措施,其中针对作物篱的研究较多。马云等为了确定紫色土区植物篱控制面源污染合适的带间距,分析了紫色土区新银合欢植物篱带间距对 10°、15°农耕地面源污染的控制机制。结果表明,紫色土区在天然降雨条件下,为保证植物篱带间距能有效地控制篱带间的土壤流失,坡面发生细沟侵蚀时的径流流速应不大于颗粒粒径 <0.02 mm 土粒的起动流速。通过对坡面细沟发育过程推导表明,在紫色土区坡度为 10°、15°的坡面布设植物篱时带间距最大分别应为 13. 73 m、9. 00 m。当坡面开始产生细沟侵蚀时的径流流速与颗粒粒径 <0.02 mm 土粒的起动流速刚好处于临界状态时,10°、15°坡面产生细沟侵蚀的最小径流流速分别为 0. 183 m/s、0. 190 m/s(马云等,2011)。坡面表土养分流失主要是通过土壤颗粒流失的,植物篱控制坡面土壤颗粒的流失对控制农业面源污染具有重要意义。

由国内科研工作者对我国面源污染的研究进展可知,我国面临的面源污染问题具有范围广、领域宽、隐蔽性强、危害严重等特点,因此要有效预防、控制和治理我国的农业面源污染,就要推行多部门、多学科、多层次的联防联治制度。要以政府牵头、高校科研院所为主要研发团队、基层政府引导、农业工作者进行实施、环境部门监督的多级工作团队联合协助，才能对面源污染问题进行有效控制，并逐步得以解决。

2.3　本章小结

本章总结概括了国内外科研工作者对土地分类、土地利用和覆被变化（LUCC）、土地利用变化的驱动机制和影响因素，土地利用变化所引起的土壤侵蚀和养分流失等生态环境问题、土地利用结构调整思路和一些成功案例等方面的研究内容。在土地利用与水土流失和农业面源污染关系密切的基础上，对农业面源污染的形成机制、识别和控制理念、环境影响与危害、影响因素、防治措施以及存在的一些问题进行了总结，为相关研究提供资料和思路。

第3章

汾河上游与娑婆小流域概况

3.1 汾河上游水生态环境问题

汾河是黄河的第二大支流，自北向南纵贯山西省中部，发源于山西省境内宁武县东寨镇西雷鸣寺泉，流经静乐、太原、临汾3盆地，至万荣县汇入黄河。由河源到太原市上兰村为上游，上兰村到洪洞县石滩村为中游，石滩村至河口为下游。

汾河上游穿行于山地和黄土丘陵中，河道全长218 km，其中头马营至汾河水库间的81 km河道是万家寨引黄工程唯一一段利用天然河槽输水的河道。2001～2003年，山西省水利厅组织对汾河上游头马营至汾河水库81 km河道进行了大规模的综合治理，但堤防标准有待进一步提高，生态环境效益需要科学调查和进一步验证。

自1988年开始，山西省政府决定在汾河上游开展水土流失重点治理，到1997年底初步治理水土流失1 920 km^2，对于拦沙保库，延长汾河水库使用寿命，保持调蓄能力起到了显著作用。据资料显示，在1980～2000年的21年间，汾河水库的淤积量为8 360万m^3，仅占总淤积量的23.99%，汛期河水含沙量由32 kg/m^3下降为16.4 kg/m^3。汾河上游水土保持治理工程虽然取得了阶段性的成果，但作为保水清源之根本，其治理工作还远未结束。目前，汾河上游水土流失治理度只有45%，离70%的基本控制标准要求还有相当大的距离。

汾河上游的水质虽然略好于中下游地区，但河段仍受到不同程度的污染。沿线工业、生活污水仍然直接排入汾河河道，点源污染和面源污染仍在不断加剧，河水中含有的COD、氨氮、挥发酚等污染物和Ca^{2+}、Mg^{2+}、Na^{+}、K^{+}、Cl^{-}等化学成分严重超标。加之汾河水量逐年减少，水体自净能力降低，水体污染严重，水质恶化，水生态环境不容乐观。

水资源管理体制的不科学，使得原本有限的水资源不能合理利用和保护，更加剧了水资源的危机。汾河水资源管理体制不顺的主要表现就是权力分散化，这是引起诸多水环境问题的重要原因之一。水资源管理权的分散主要体现在：省和地方政府之间水管理权限的分配。水资源不同物理属性之间的分散，如地下水、地表水的管理不统一；不同管理功能之间的分散，如水质、水量、供水和防洪的管理属不同部门；不同用水部门之间的管理权划分，如农业、工业、居民生活用水管理等；水管理决策权在政府领导人、技术分析人员和专职管理人员之间的分散。由于水资源在管理上分属不同的职能部门管理，导致了各部门受本部门利益和局限性的影响，在制定政策、法规、规划时缺乏统一的考量与协调。

3.2 静乐县概况

静乐县位于汾河水库上游，地处晋西北黄土高原，全县国土面积 2 058 km^2，辖 4 镇、10 乡、1 个居民办事处、381 个行政村，总人口 16.2 万人。东部与忻府区、阳曲毗邻，南接娄烦、古交，西邻岚县、岢岚，北靠宁武、原平。县城距太原 89 km、距忻州 91 km，是太原、忻州和西北部县区联系的重要枢纽，忻黑线、宁白线、忻五线、康北线网络分布，紧邻太佳高速和忻保高速，区位优越，交通便利。

静乐县境内山峦叠嶂，丘陵起伏，沟壑纵横，汾水流长，地势东北高、西南低，境内海拔 1 140 ~ 2 420 m。位于东经 110°43′ ~ 112°20′、北纬 38°08′ ~ 38°40′。东、南、北三面环山，尤以东部山地较高，海拔在 2 000 m 以上。西部较低，与岚县合成一个小型盆地。中部和西部为黄土丘陵区，这里山峦起伏，沟壑纵横，地形较为破碎。整个地势由东北向西南倾斜，属山地型地貌。其中，山地面积为 1 011 km^2，占总面积的 49.1%；丘陵面积为 759 km^2，占总面积的 36.9%；河川区面积为 288 km^2，占总面积的 14.0%。

境内河流均属黄河流域的汾河水系，主要河流有 8 条，即汾河，流经本县的长度为 40 km；东碾河，全长 56.2 km；西碾河，全长 27 km；鸣河，全长 26.2 km；双路河，全长 19 km；万辉河，全长 21.8 km；岔上河，全长 15.1 km；扶头会河，全长 26.1 km。全县地表水正常年径流量为 1.55 亿 m^3。

静乐县气候属北温带大陆性气候，具有冬长夏短、四季分明的特点，年平均气温为 3.5 ~ 6.8 ℃，1 月最冷，平均气温 −13 ℃，7 月最热，平均气温 19 ℃，年平均降水量在 380 ~ 500 mm，多年均值为 450 mm。全年无霜期为 120 ~ 135 d，全年平均日照时数为 2 864.4 h，常年多刮偏北风，平均风速为 22.4 m/s。

3.3 娑婆乡概况

娑婆乡在汾河一级支流东碾河上游，位于县城东北部，距县城40 km，东依忻州牛尾乡，西临双路乡、娘子神乡，北靠堂尔上乡，南与康家会镇接壤。娑婆乡属典型的黄土高原和土石山过渡区，境内群山环绕，全乡各村主要分布于一川两沟（碾河川、北沟、东沟）之中，整体地形北高南低。娑婆乡总面积180 km^2，现有耕地1 866.67 hm^2（其中坡耕地面积1 403 hm^2），宜林地4 000 hm^2。该乡水土流失问题主要表现在原生植被破坏严重，土壤侵蚀面积大且严重，河流输沙量大。山区土壤肥力低，结构不良，土地生产力低下，坡地垦殖面广，坡耕地治理进度缓慢，粮食产量低，农、林、牧矛盾较突出。水土流失综合防治重点是开展以整治坡耕地和恢复林草植被为重点的小流域综合治理。在缓坡地修筑水平梯田，坡脚合理利用降水资源，建设高标准农田，加快农业结构调整，加强经济林建设，促进经济发展。同时，在轻中度脆弱的山区加强局部地区天然次生林保护，大力开展封禁治理，保护好现有植被，维护生态稳定。荒草地进行生态修复或封山育草，有条件的地方发展特色林业产业。娑婆乡地理位置和水系见图3-1。

3.3.1 地形地貌

娑婆乡的地形地貌在汾河上游地区具有典型代表性，属典型的黄土高原和土石山地过渡区，境内群山环绕，全乡各村主要分布于一川两沟（碾河川、北沟、东沟）之中，整体地形北高南低。娑婆小流域属典型的黄土丘陵沟壑区，流域内沉积了深厚的第三纪红土及第四纪黄土，多以离石黄土（Q2）为基础，上覆盖马兰黄土（Q3），受水蚀和重力侵蚀作用，形成了以黄土丘陵沟壑为主的侵蚀地貌，沟深坡陡，沟壑相间，地形破碎，沟壑面积占总面积的48%。根据其形态、地表物质组成等将该流域地貌分为以下几类：

（1）切割严重的黄土台地轻度侵蚀区。指相对切割小于300 m波状起伏的地面，主要分布在小流域北部、南部和西部，面积约20.84 km^2，占小流域总面积的19.3%。其表面较完整，起伏不大，沟壑密度约2.64 km/km^2，年均土壤侵蚀模数1 900～2 700 $t/(km^2 \cdot a)$，以面蚀、沟蚀为主。

（2）黄土丘陵沟壑极强烈侵蚀区。多为梁峁交错的一种丘陵形态，面积约45.72 km^2，占小流域总面积的25.5%。沟壑密度3.50～3.92 km/km^2，年

图 3-1　娑婆乡地理位置和水系图

均土壤侵蚀模数在 10 000 t/(km² · a)左右，面蚀、沟蚀、重力侵蚀都相当强烈。

(3)黄土丘陵强烈侵蚀区：面积约 84.06 km²，占小流域总面积的 46.7%。是指由第四纪黄土(Q3)、红色土(Q4)及第三纪红土(N2)等地表物质构成的丘陵、坡地和沟谷较开阔处，沟壑密度 3.2 km/ km² 左右，土壤侵蚀模数为 5 500 ~ 8 500 t/(km² · a)。面蚀及重力侵蚀中的滑坡、泻溜等都较严重。

(4)土石丘陵较强烈侵蚀区：主要分布在小流域的南部山区，面积 15.12 km²，占小流域总面积的 8.4%。多为黄土、基岩相间分布，黄土与基岩分布比例约各占一半，坡陡沟深，地形破碎，沟壑密度 3.54 km/km² 左右，土壤侵蚀模数 1 700 ~ 3 700 t/(m² · a)。面蚀、重力侵蚀严重。

(5)河川阶地轻微侵蚀区：主要分布在小流域沟谷河川两岸，面积 17.28 km²，占小流域总面积的 9.6%，沟谷较开阔，多为黄土覆盖，侵蚀轻微。

3.3.2 土壤

该区域土壤属栗褐土，土壤层次为表层第四纪黄土，中间有第三纪黄土，下层是原始黄土，耕作层土壤有机质含量5.36～6.64 g/kg，全氮0.30～0.31 g/kg，速效磷含量缺乏，为4.8～4.9 mg/kg，速效钾为113 mg/kg，耕种土壤略高于非耕种土壤。丘陵沟壑区土层较厚，在2～40 m，适于农业耕作和发展林牧业。

3.3.3 气象水文

该区域气候属北温带大陆性气候，具有冬长夏短、四季分明的特点，年平均气温为3.5～6.8℃，极端低温－28.9 ℃，1月最冷，平均气温－13 ℃，7月最热，平均气温19 ℃，年＞10 ℃积温2 669 ℃。年平均降水量在380～500 mm，多年均值为450 mm。全年无霜期为120～135 d，全年平均日照时数为2 864.4 h，常年多刮偏北风，平均风速为22.4 m/s。

流域内最大河流东碾河发源于云中山北麓的娑婆乡，由东北向西南汇入汾河，是汾河的一级支流，全长56.2 km，流域面积505 km^2，它是静乐县除汾河外的最大一条河流。整个流域，上游河床狭窄，坡陡流急，平均比降20‰，中下游坡度较缓，河川宽广，平均宽度为537 m。就流域水文下垫面特征而言，流域范围内的变质山地基岩区，碳酸盐类丘陵区、土石山区和其他类型地区，分别占70%、18%和12%。

3.3.4 植被

流域内植被主要由乔、灌、草和各种作物构成。乔木以天然针叶林为主，人工林很少，多分布在沟道及黄土丘陵沟壑与土石山地过渡地带的阴坡上，树种以油松、杨、柳为主。灌木多分布在沟底及坡地中下部，主要树种有沙棘、黄刺玫、毛榛等。流域内林灌覆盖度不足10%。草本植物分布在两侧山坡及沟谷，主要有狗尾草、白草、蒿草、青苋等。农作物以玉米、莜麦、豌豆、土豆、胡麻、谷子、糜黍等为主。

3.3.5 娑婆乡水土流失和水土保持状况

通过实地调查和查阅"静乐县治汾办"水土流失和水土保持监测资料，娑婆乡总面积180 km^2，区内土层深厚疏松，沟壑纵横，植被稀少，加之水土资源利用不合理，水土流失十分严重，全乡水土流失面积165.6 km^2，占全乡面积的92%。多年平均土壤侵蚀模数5 800 t/(m^2·a),坡耕地土壤侵蚀模数在6 100 t/(km^2·a)左右,水分流失量为17 500 m^3/(km^2·a),每年流失泥沙量约96万t。大量的土壤从土地上流失并进入东碾河,并最终进入汾河,对河道、灌渠、水库等水利设施造成了安全隐患。同时,严重的水土流失,导致农田破坏、肥力减退、土壤贫瘠、生态失调。娑婆乡共有耕地1 866.67 hm^2,其中坡耕地面积1 403 hm^2,占到了耕地面积的75%。大量的坡耕地从事农业生产造成了严重的水土流失,同时由于肥料使用率低,大大地提高了坡面径流中面源污染物的含量。娑婆乡严重的水土流失和大量的坡耕地对当地的土壤质地和土地生产力造成了巨大的影响,并进一步改变了农业生态系统的稳定性,对整个小流域的生态系统平衡和稳定造成了威胁。严重的水土流失不仅对土地生产力和农田生态系统造成了破坏,而且对东碾河和汾河河流水质均造成了不容忽视的影响。

娑婆乡人口分布不均,经济发展水平较低,多年来并没有实施规模较大、覆盖面较广的水土保持措施,只修了数量较少的水平梯田和鱼鳞坑造林。少量的水土保持措施对该流域局部土壤侵蚀和水土流失具有一定的防治作用,但对整个小流域土壤侵蚀严重的整体状况改善甚微。

3.4　娑婆乡土壤状况分析

3.4.1　土壤资源状况

娑婆乡地质基岩属寒武、奥陶和二叠系石灰岩,黄土及黄土状物质沉积,黄土结构松散,垂直节理发育,抗侵蚀力差,在地表径流作用下,侵蚀性沟谷发育且下切强烈。沟坡陡峭,支离破碎,沟壑纵横,梁峁交错,呈现典型的黄土丘陵沟壑区地貌。

经调查,娑婆小流域从事农业生产的土地主要有梁地、峁地、沟坡地和沟底平地四大类。

梁地:经侵蚀沟分隔为狭长条形地;

峁地:梁地经冲刷切割成圆形或椭圆形地块;

沟坡地:沟沿线以下的沟谷斜坡;

沟底平地:地面较平坦或有较小坡度。

以上地貌单元面积分别占总面积的比例为:梁峁地33.1%,沟坡地

57.5%，沟底平地5.6%，其他3.8%。

土壤理化性质是决定土壤肥力的重要因素，也是反映土壤生产性能及潜力的重要标志，在一定程度上决定着土壤改良措施及利用方向。通过对娑婆乡坡地不同部位土样进行调查分析，了解了娑婆乡坡地的土壤基本情况。据调查分析，娑婆小流域内土壤类型主要为栗褐土。栗褐土主要发育在黄土及其洪积、坡积、冲积物上，在暖温带半干旱气候条件下，加上人类长期耕作活动，在黄土母质上发育成的地带性土壤，是主要的农业土壤。

根据栗褐土的生物气候、地形部位、人为耕作的不同，以及土类之间过渡类型而产生土壤发育的不同阶段，流域内只有一种淡栗褐土亚类。根据划分大属的依据及该流域土壤分布情况，淡栗褐土又划分为9个土属，即黄土质淡栗褐土、耕种黄土质淡栗褐土、红黄土质淡栗褐土、耕种红黄土质淡栗褐土、沟淤五花淡栗褐土、耕种沟淤五花淡栗褐土、坡积物淡栗褐土、耕种坡积物淡栗褐土、粗骨性淡栗褐土。本书重点对分布在梁峁沟坡和梁峁坡耕地部位的典型黄土质淡栗褐土和耕种黄土质淡栗褐土的理化性状进行了调查和分析。土壤基本性质见表3-1和表3-2。

表3-1　黄土质淡栗褐土剖面理化性质

土层厚度(cm)	有机质(mg/g)	全氮(mg/g)	全磷(mg/g)	阳离子交换量(cmol/kg)	pH	土壤黏粒比例(%)
0～25	6.65	0.77	0.61	110.80	7.8	26.78
25～90	4.13	0.43	0.65	101.20	7.9	24.31
90～150	4.78	0.48	0.59	86.80	8.0	18.32
150～200	4.80	0.51	0.63	70.60	8.0	14.28

表3-2　耕种黄土质淡栗褐土剖面理化性质

土层厚度(cm)	有机质(mg/g)	全氮(mg/g)	全磷(mg/g)	阳离子交换量(cmol/kg)	pH	土壤黏粒比例(%)
0～25	10.02	1.05	1.18	12.01	8.2	27.25
25～90	4.32	0.74	0.65	10.8	8.3	25.14
90～150	3.09	0.52	0.55	9.87	8.1	20.23
150～200	2.34	0.46	0.51	7.61	8.4	16.24

3.4.2　土壤资源评价

3.4.2.1　土壤理化性状

(1)土壤质地:该流域土壤质地多为轻壤,成土母质为马兰黄土。从耕作肥力角度看,物理性黏粒(<0.01 mm)含量一般在25%左右为宜。娑婆小流域表土层黏粒大部分在20% ~30%,土壤质地较为理想。轻壤土的基本特征:土壤孔隙度良好,松紧度适宜,通气透水性能好,施肥后肥效发挥快且持续时间长,适于种植农作物。

(2)土壤结构:该流域土壤均为结构不良的土壤。表层多屑粒状、碎块状结构。这与该流域所处的气候条件使土壤熟化程度不高、土壤有机质含量较低有关。心土为块状结构,底土多为块状、粒状结构,体现了黄土母质特性。

(3)土壤容重和孔隙度:流域表层土壤容重一般在0.9 ~1.3 g/cm^3,耕作层土壤容重一般为1 ~1.3 g/cm^3。对于耕作土壤,活土层容重 <1.3 g/cm^{3}较理想,所以该流域土壤容重适宜。对于作物生长而言,土壤孔隙度以50% ~55%较为适宜。该流域表层土壤孔隙度一般在45% ~60%,是比较适宜的。

(4)土壤水分:娑婆小流域的土壤以淡栗褐土为主,土层厚,结构疏松,质地均匀。其水分特点是:①持水性能好,有效水含量高。土壤最大吸湿水1.6% ~3.8%,田间持水量17% ~25%,土层持水能力为490 ~640 mm,其中有效水为460 ~510 mm。如果采取措施将降雨就地入渗,可满足旱作农业需求。②土壤剖面孔隙发达,透水性好。土壤入渗系数为0.5 ~1.4 mm/min,雨后能及时入渗,如加强蓄水保土措施,可使水分损失较少。雨季土壤自然含水量为15%左右,对作物生长极为有利。

(5)有机质与氮素。经取样测定,土壤表层(0 ~25 cm)有机质含量在6.65 ~10.02 mg/g。耕种黄土质淡栗褐土的有机质含量大于黄土质淡栗褐土。同一种土壤不同层次土壤有机质含量也有较大差异,心土层有机质含量较表土显著减少,底层土更少。依据全国土壤养分含量标准,娑婆小流域土壤达五级(0.6% ~1%)的占坡地土壤总面积的20%,达六级(<0.6%)的占坡地土壤总面积的80%。

(6)土壤磷素。娑婆小流域坡地土壤表层全磷含量在0.61 ~1.18 mg/g。由表层随着深度增加逐渐降低,最高为1.18 mg/g,最低为0.51 mg/g。土壤垂直剖面磷含量存在差异,土壤整体磷储量较好,但活性低,有效性差。

(7)土壤pH。娑婆小流域土壤pH值一般为7.8 ~8.4,最高8.4,最低7.8。pH在土壤剖面垂直分布,表层低于心土与底土。该流域土壤pH值在8

左右，呈微碱性，对作物生长影响不大。

3.4.2.2　土壤侵蚀敏感性分析

土壤侵蚀敏感性是土壤侵蚀对人类活动的敏感程度。一个地区的土壤侵蚀敏感性程度，要从区域范围、自然环境、农村人口密度、水土流失与存在问题等方面进行系统分析，同时与社会经济发展有密切的关系。一个地区土地耕垦指数和坡耕地面积大，意味着人为活动对区域水土资源开发的潜力强度大，不利于生态的稳定。

根据山西省土壤侵蚀敏感性分级及其分布态势分析，汾河水库上游地区土壤侵蚀敏感性处于高度敏感区。主要因素：汾河水库上游的娄烦、静乐、岚县、宁武4县所处区域降雨集中在汛期，且多暴雨，降雨多集中在7月、8月两个月，降雨持续时间短、强度大；区域内黄土丘陵沟壑面积占全流域面积的90%以上，且沟深坡陡，土壤以中轻壤为主，结构疏松，地表植被覆盖较为稀疏，生态极其脆弱；土壤侵蚀强度为中度侵蚀到极强度侵蚀，中度以上水土流失比例较高，年均侵蚀模数大于5 000 t/(km^2·a)；人口密度大，土地利用不合理，人类过度开垦坡耕地、过度放牧等，是流域内土壤侵蚀严重的根本原因。

因此，该区水土流失问题主要表现在山区土壤肥力低，结构不良，土地生产力低下，坡耕地治理进度缓慢，粮食产量低，农、林、牧矛盾较突出。合理规划和利用土地资源，加强丘陵沟壑区的坡耕地改造，提高坡耕地土壤资源的保护与综合利用效率，改善农村生产生活条件，大力恢复植被，是减少入库泥沙和污染，改善上游生态环境的根本措施。

3.5　娑婆小流域土地利用结构分析

3.5.1　土地利用现状

娑婆小流域在娑婆乡内，为一闭合小流域，共有土地面积12.58 km^2，共涉及黑家窑、张才嘴和桥门村三个行政村。通过实地调查，娑婆小流域地面坡度组成见表3-3。该小流域共涉及8种土地利用方式，即耕地、林地、荒草地、其他土地、居民用地、交通用地、工矿企业用地和池塘水面。各土地利用类型见表3-4。

表 3-3　娑婆小流域地面坡度组成

坡度(°)	<3	3~6	6~15	15~20	20~25	25~35	>35	合计
面积(km^2)	0.82	0.99	2.88	2.55	2.32	1.60	1.42	12.58
所占比例(%)	6.50	7.90	22.9	20.3	18.4	12.7	11.3	100

由表 3-3 可知,娑婆小流域坡度在 6°~15°的土地面积最大,15°~20°的其次,而<3°的面积最小。其中,坡度小于 6°的土地面积所占比例为 14.4%;6°~15°所占比例为 22.9%;15°~20°所占比例为 20.3%;20°~25°所占比例为 18.4%;25°~35°所占比例为 12.7%;>35°所占比例为 11.3%。

表 3-4　各种类型土地面积　　(单位:hm^2)

村庄	耕地	林地	荒草地	其他土地	居民用地	交通用地	工矿企业用地	池塘水面	总面积
黑家窑	67.18	43	75	298	2.6	0.8	1.4	0.8	488.78
张才嘴	84.39	44	68	315	2.2	0.6	1.5	0.8	516.49
桥门村	72.43	36	20	114	4.2	1.6	0.3	4.2	252.73
合计	224	123	163	727	9.0	3.0	3.2	5.8	1 258

由表 3-4 可知,黑家窑共有土地面积 488.78 hm^2,其中,耕地 67.18 hm^2,占全村土地面积的 13.74%;林地 43 hm^2,占 8.80%;荒草地 75 hm^2,占 15.34%;其他土地 298 hm^2,占 60.97%;居民用地 2.6 hm^2,占 0.53%;交通用地 0.8 hm^2,占 0.16%;工矿企业用地 1.4 hm^2,占 0.29%;池塘水面 0.8 hm^2,占 0.16%。

张才嘴共有土地面积 516.49 hm^2,其中,耕地 84.39 hm^2,占全村土地面积的 17.27%;林地 44 hm^2,占 9%;荒草地 68 hm^2,占 13.91%;其他土地 315 hm^2,占 64.45%;居民用地 2.2 hm^2,占 0.45%;交通用地 0.6 hm^2,占 0.12%;工矿企业用地 1.5 hm^2,占 0.31%;池塘水面 0.8 hm^2,占 0.16%。

桥门村共有土地面积 252.73 hm^2,其中,耕地 72.43 hm^2,占全村土地面积的 28.70%;林地 36 hm^2,占 14.24%;荒草地 20 hm^2,占 7.91%;其他土地 114 hm^2,占 45.11%;居民用地 4.2 hm^2,占 1.66%;交通用地 1.6 hm^2,占 0.63%;工矿企业用地 0.3 hm^2,占 0.12%;池塘水面 4.2 hm^2,占 1.66%。

由表 3-4 可知,娑婆小流域 8 种土地利用种类中共有耕地 224 hm^2,占流域总面积的 17.81%;共有林地 123 hm^2,占 9.78%;荒草地 163 hm^2,占

12.96%；其他土地727 hm^2，占57.79%；居民用地9.0 hm^2，占0.72%；交通用地3.0 hm^2，占0.24%；工矿企业用地3.2 hm^2，占0.25%；池塘水面5.8 hm^2，占0.46%。

由以上分析可知，娑婆小流域12.58 km^{2}内，其他土地面积最大，占流域总面积的57.79%；其次为耕地，占17.81%；荒草地为第三，占12.96%；而林地为第四，占9.78%。

该流域大量其他土地、耕地和荒草地的分布格局，对土地的合理利用和科学规划形成了一定的制约性，不利于该流域农业、林业和畜牧业的协同发展。同时，大量其他土地、耕地、荒草地不能采取科学合理规划，乱垦滥伐现象严重，导致区域生态功能退化，生态稳定性降低，使水土流失进一步加剧，农业面源污染范围不断扩大。

3.5.2　流域耕地种类分析

对该流域涉及的三个行政村耕地种类和面积进行了调查，调查结果见表3-5。

表3-5　耕地种类分析　（单位：hm^2）

村庄	耕地总面积	水浇地	旱平地	沟坝地	坡耕地
黑家窑	67.18	0	9.98	2.84	54.36
张才嘴	84.39	0	20.12	3.36	60.91
桥门村	72.43	0	22.36	8.42	41.65
合计	224	0	52.46	14.62	156.92

由表3-5可知，娑婆小流域共有耕地224 hm^2，其中水浇地面积为0 hm^2；旱平地52.46 hm^2，占耕地总面积的23.42%；沟坝地14.62 hm^2，占耕地总面积的6.53%；坡耕地156.92 hm^2，占耕地总面积的70.05%。

黑家窑共有耕地67.18 hm^2，其中水浇地面积为0 hm^2；旱平地9.98 hm^2，占耕地面积的14.86%；沟坝地2.84 hm^2，占耕地面积的4.23%；坡耕地54.36 hm^2，占耕地面积的80.92%。

张才嘴共有耕地84.39 hm^2，其中水浇地面积为0 hm^2；旱平地20.12 hm^2，占耕地面积的23.84%；沟坝地3.36 hm^2，占耕地面积的3.98%；坡耕地60.91 hm^2，占耕地面积的72.18%。

桥门村共有耕地72.43 hm^2，其中水浇地面积为0 hm^2；旱平地22.36

hm², 占耕地面积的 30.87%；沟坝地 8.42 hm², 占耕地面积的 11.63%；坡耕地 41.65 hm², 占耕地面积的 57.50%。

由以上分析可知，该小流域耕地种类相对比较单一，而且不同类别之间差异较大，从几公顷到几十公顷不等。小流域所涉及的三个行政村全部没有水浇地，而且超过 60% 为坡耕地。三个行政村坡耕地面积在 41.65～60.91 hm²，所占耕地比例在 57.50%～80.92%。其中，张才嘴坡耕地面积最大，有 60.91 hm²，占全村耕地面积的 72.18%；黑家窑次之，有 54.36 hm²，占全村耕地面积的 80.92%；桥门村坡耕地面积最小，为 41.65 hm²，占全村耕地面积的 57.50%。沟坝地面积在 2.84～8.42 hm²，所占比例在 3.98%～11.63%，其中桥门村面积最大，为 8.42 hm²，占全村耕地面积的 11.63%；黑家窑沟坝地面积最小，为 2.84 hm²，占全村耕地面积的 4.23%。

分析得知，该小流域耕地种类单一，而且主要以跑水、跑肥、跑土的坡耕地为主。由于流域内坡耕地大量存在，对当地农业生产和经济发展形成很大阻碍，同时坡耕地从事农业生产活动，会造成大量的水土流失，土壤养分和肥料会随径流而流失，进入东碾河，经过东碾河进入汾河，影响汾河水体的水质安全。

因此，对娑婆小流域耕地利用结构进行科学规划、合理配置，对坡耕地进行改造等土地整治，是改善和提高当地土地生产力的有效途径。只有提高和改善了耕地的存在方式和利用途径，才能改善耕作困难、土肥流失严重、生产力低下、生态环境恶化的现状，才能提高土地生产力水平，为当地居民带来切身的经济效益和生态效益。

3.5.3　流域林业用地分析

对该流域涉及的三个行政村林业用地种类和面积进行了调查分析，结果见表 3-6。

表 3-6　林地结构分析　（单位：hm²）

村庄	林地总面积	灌木林	疏林	幼林	成林
黑家窑	43	26	6	7	4
张才嘴	44	24	8	9	3
桥门村	36	16	6	12	2
合计	123	66	20	28	9

由表 3-6 可知，娑婆小流域共有林地 123 hm^2，其中灌木林 66 hm^2，占林地总面积的 53.66%；疏林 20 hm^2，占林地总面积的 16.26%；幼林 28 hm^2，占林地总面积的 22.76%；成林 9 hm^2，占林地总面积的 7.32%。

黑家窑共有林地 43 hm^2，其中灌木林为 26 hm^2，占林地总面积的 60.47%；疏林 6 hm^2，占林地总面积的 13.95%；幼林 7 hm^2，占林地总面积的 16.28%；成林 4 hm^2，占林地总面积的 9.30%。

张才嘴共有林地 44 hm^2，其中灌木林为 24 hm^2，占林地总面积的 54.55%；疏林 8 hm^2，占林地总面积的 18.18%；幼林为 9 hm^2，占林地总面积的 20.45%；成林 3 hm^2，占林地总面积的 6.82%。

桥门村共有林地 36 hm^2，其中灌木林为 16 hm^2，占林地总面积的 44.44%；疏林 6 hm^2，占林地总面积的 16.67%；幼林 12 hm^2，占林地总面积的 33.33%；成林 2 hm^2，占林地总面积的 5.56%。

由以上分析可知，娑婆小流域林地以灌木林为主，占林地总面积的 53.66%；其次为幼林，占林地总面积的 22.76%；而成林最少，仅占林地总面积的 7.32%。林地面积小且种类单一，对流域水资源涵养，以及小气候和生境的调节作用甚微。因此，大力发展娑婆小流域内的林业资源，是改善生态环境、促进当地经济发展的有效途径之一。

3.5.4　娑婆小流域土地利用数量结构及信息熵

根据静乐县东碾河支流娑婆小流域土地利用资料，计算了该小流域土地利用结构的信息。根据信息熵的计算公式，综合信息熵、优势度、均衡度 3 项指标，从宏观上分析娑婆小流域土地利用结构有序性与均衡程度。

事件发生的不确定性是由它发生的概率来描述和确定的。在农业中，某种土地利用类型在研究区域出现的比例相当于信息熵中某件事件发生的概率，假定一个区域的土地总面积为 A，每种土地类型的面积为 A_i（$i=1,2,\cdots,n$），则各种土地利用类型占该区域土地总面积的比例 $P_i=A_i/A$。依照 Shannon 熵公式定义土地利用结构的信息熵 H（耿海青等，2004；张群等，2013）：

$$H=-\sum_{i=1}^{n}P_i\ln P_i$$

根据熵值最大和最小原理，当区域处于未开发状态时，其土地利用结构的信息熵为 0，即 $H_{min}=0$；当区域已发展成熟，各土地类型已趋于稳定，且满足熵最大化条件时，即 $P_1=P_2=P_3=\cdots=P_n=1/n$ 时，土地利用结构的信息熵为最大，$H_{max}=\ln n$。可以看出，土地职能类型越多，各职能内的面积相差越小，则

熵值越大。基于信息熵公式,可定义土地利用结构的均衡度 J 与优势度 I:

$$J = H/H_{\max} = -\sum_{i=1}^{n} P_i \ln P_i / \ln n$$

$$I = 1 - J$$

式中:J 为均衡度,是实际熵值与最大熵值之比,表示土地利用的均衡程度。可知 $0 \leqslant J \leqslant 1$。$J = 0$,土地处于最不均匀状态;$J = 1$,土地利用类型达到理想的平衡状态。优势度 I 反映区域内一种或几种土地利用信息支配该区域土地类型的程度,与均衡度的意义相反。

本项目研究区共涉及 8 种土地利用类别,因此在计算信息熵时,最大信息熵 $H_{\max} = \ln 8$。姿婆小流域土地利用结构及信息熵信息统计见表 3-7。

表 3-7　土地利用数量结构(%)及信息熵(NAT)

村庄	黑家窑	张才嘴	桥门村
耕地	13.74	16.34	28.66
林地	8.80	8.52	14.24
荒草地	15.34	13.17	7.91
其他土地	60.97	60.99	45.11
居民用地	0.53	0.43	1.66
交通用地	0.16	0.12	0.63
工矿企业用地	0.29	0.29	0.12
池塘水面	0.16	0.15	1.66
信息熵	1.14	1.13	1.37
均衡度	0.55	0.54	0.66
优势度	0.45	0.46	0.34

从姿婆小流域土地类型数量结构来看,该流域所包含的三个行政村耕地面积所占比例在 13.74% ~28.66%,其中黑家窑最小,为 13.74%,张才嘴居中,为 16.34%,桥门村最大,为 28.66%,均值为 19.58%。林地数量结构在 8.52% ~14.24%,其中张才嘴最小,为 8.52%,黑家窑居中,为 8.80%,桥门村最大,为 14.24,均值为 10.52%。荒草地在 7.91% ~15.34%,其中桥门村最小,为 7.91%,张才嘴居中,为 13.17%,黑家窑最大,为 15.34%,均值为 12.14%。其他土地数量最大,在 45.11% ~60.97%,其中桥门村最小,为

45.11%，黑家窑和张才嘴基本接近，分别为60.97%和60.99%，均值为55.69%。居民用地数量结构差异较大，其中桥门村最大，为1.66%，黑家窑和张才嘴分别为为0.53%和0.43%，均值为0.87%。交通用地数量结构在0.12%～0.63%，其中桥门村最大，为0.63%，张才嘴最小，为0.12%，黑家窑居中，为0.16%，均值为0.30%。工矿企业用地数量结构在0.12%～0.29%，其中黑家窑和张才嘴最大，都为0.29%，桥门村最小，为0.12%，均值为0.23%。池塘水面数量结构在0.15%～1.66%，其中桥门村最大，为1.66%，黑家窑和张才嘴分别为0.16%和0.15%，均值为0.66%。

由以上分析可知，娑婆小流域土地数量以其他土地最高，均值为55.69%，超过一半；耕地次之，均值为19.58%；荒草地第三，均值为12.14%；林地第四，均值为10.52%。娑婆小流域数量较高的其他土地对当地居民的生产和生活带来许多不便，同时也大大地限制了当地经济的发展。同时，其他土地通常地形复杂多样，生态平衡极不稳定，很容易发生自然灾害，导致生态环境进一步破坏和恶化。因此，改善娑婆小流域土地利用现状，从经济和生态两方面来考虑都是必要的。

当区域已发展成熟，各种土地类型已经趋于稳定，各土地类型职能内的面积相差越小，则熵值越大，均衡度越高。由表3-7可知，黑家窑、张才嘴和桥门村的信息熵分别为1.14、1.13和1.37，而根据土地利用类型数量可知，该流域信息熵最大值ln8为2.08。土地职能类型越多，各职能内的面积相差越小，则熵值越大。因此，通过三个行政村土地信息熵的大小可知，桥门村各职能内的面积相差最小，熵值最大，为1.37，土地利用的均衡程度也最高，均衡度最大，为0.66。张才嘴村的信息熵最小，为1.13，均衡程度最差，为0.54，而黑家窑的信息熵和均衡度均介于桥门村和张才嘴村，分别为1.14和0.55。

相反，区域内一种或几种土地利用类型在该区域处支配地位时，其优势度就高。由表3-7可知，娑婆小流域所涉及的三个行政村土地利用结构优势度存在明显的差异，即张才嘴最大，为0.46；黑家窑居中，为0.45；桥门村最小，为0.34。而信息熵值的高低分布与土地利用结构优势度的分布存在空间耦合，即信息熵值低的行政村，其土地利用结构的优势度比较高。这表明娑婆小流域土地利用结构的有序性，并非普通统计学意义上的各种用地类型均衡带来的有序，而是一种或几种主导优势土地类型下，其他用地类型各自均衡带来的相对有序，这与各土地类型的数量结构大小值相吻合。通过对娑婆小流域三个行政村的土地利用数量结构分析可知，三个行政村的其他土地数量结构超过50%，其次为耕地。三个行政村其他土地和耕地的数量结构均值之和达到了76%，即该小流域土地种类主要以其他土地和耕地占主导。

3.5.5 娑婆小流域水土流失状况

娑婆小流域属娑婆乡的部分地区，流域内有黑家窑、张才嘴和桥门村三个行政村，共有土地面积12.58 km^2，其中水土流失面积11.81 km^2，占全流域总面积的94%，平均土壤侵蚀模数在5 800 t/(km^2·a)左右，每年流失泥沙6.85万t，流失水分22.02万m^3。一是严重的水土流失，导致农田破坏、肥力减退、土壤贫瘠、生态失调。二是坡耕地仍大量垦植。流域内现有农业用地面积为2.24 km^2，占全流域土地总面积的17.8%。农业用地中，坡耕地面积最大，达到1.57 km^2，占全流域耕地面积的70.1%；在现有坡耕地中，分布在6°以下自然坡面上的坡耕地占坡耕地总面积的22.1%，6°以上自然坡面上的坡耕地占坡耕地总面积的77.9%。三是流域内各行业发展极不平衡。据调查，2013年流域内农业总产值为108.81万元，农业人均收入1 654元。粮食总产量31.2万kg，人均占有粮食471 kg，而流域内林业、牧业和副业产值几乎为零，是一个完全靠天养农业为主的流域。该区域农民长期广种薄收，耕作粗放，结构单一，商品观念淡薄，粮食产量低而不稳。

3.6 娑婆小流域试验区布设

3.6.1 研究区选取

娑婆乡地形地貌、土壤种类和理化性质、气象、植被等条件在东碾河流域具有普遍性，与其他区域基本一致，因此娑婆乡在东碾河流域具有典型代表性(见图3-2)。通过对娑婆乡的土地类型进行基本调查，得出坡度在6°~15°的面积最大，所占比例最高，15°~20°的坡地面积次之。因此，选择娑婆乡娑婆小流域为典型研究区进行系统分析研究。

通过对娑婆小流域土地利用调查得知，娑婆小流域在已利用的土地类型中，坡耕地所占比例最大，是土地利用结构不平衡的因素，而且水土流失较为严重，达到了强度侵蚀水平，因此综合考虑选定坡度为10°左右的坡耕地作为研究区，并布设径流监测小区。研究区位于娑婆乡娑婆村往北500 m处向阳的坡耕地上，呈长方形，紧邻乡村道路，降雨产生径流直接流入乡村道路一侧的简易排水渠，并进一步流入东碾河。该坡耕地长约200 m、宽50 m，在坡耕地中间坡面平整处划出长100 m、宽10 m的条状地块作为试验地，并采用刺丝围栏，预防人为干扰和破坏。

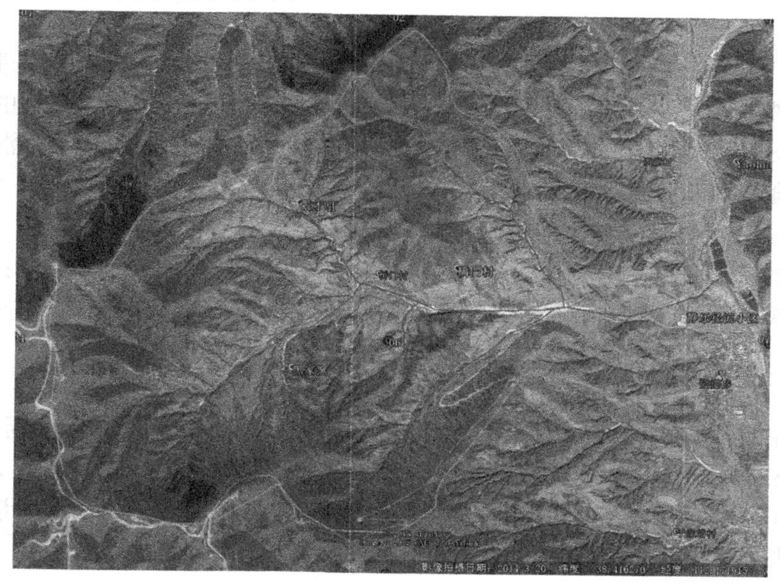

图3-2　研究区地形地貌

3.6.2　试验小区布设

在选定的坡耕地中间划出一定面积的地块修建径流小区。由于是在正常使用的坡耕地上进行简易径流小区修建，周边干扰相对较小，因此布设长5 m、宽2 m的监测小区15个，组间留1 m宽的隔离带。小区由边界、集水坡面、集流槽、集流桶和排水沟五部分组成。小区边界由PVC制板拼成；集流槽直接收集小区内的径流，采用0.3 cm厚钢板做成簸箕状接水槽并连接软管直接接入集流桶；集流桶采用25 L聚氯乙烯圆形桶。导流管采用内径为4 cm的聚氯乙烯软管以连接集流槽与集流桶。

2014年春季，在新建的径流监测小区内共布设15个不同下垫面的试验小区，分别为：种植玉米、种植莜麦、种植土豆、地面裸露、弃耕一年。每种坡面小区设3个重复。农作物按照农耕节气按时耕种，耕地方式统一采用人工铁锹翻耕。玉米和土豆采用穴状种植；莜麦采用条播；裸地翻耕后不进行任何后期管护工作；弃耕地为2013年没有进行种植，截至2014年春耕季为弃耕一年。

3.6.3 样品及数据采集

3.6.3.1 土壤调查样品的采集

利用遥感资料并结合实地调查,2014 年春季,对娑婆小流域土壤进行了全面调查和样品采集。在试验区,选择近年来未受人为强烈活动干扰的坡面按照"S"形取样法在 3 点取表层(0 ~ 20 cm)土样,每个样品取三部分混匀带回实验室用于土壤理化性状测定。

3.6.3.2 土地利用类型数据采集

本项目研究中,土地利用现状数据是在静乐县治汾指挥部提供资料的基础上,结合实地调查,用 1∶1 000 地形图对各地类进行现场勾绘、量算面积所得。

3.6.3.3 降雨径流样品采集

在两年的试验期内,降雨期,研究区发生侵蚀性降雨并产生径流后,将试验小区内形成的径流全部收集。径流收集完毕后,混匀测量体积,并取 2 L 混合液样品带回实验室对泥沙含量和养分进行分析测试,计算泥沙流失量和养分流失量。泥沙流失总量计算公式如下:

$$S_L = \sum_{i=1}^{n} S_i \cdot V_i$$

式中:S_L 为泥沙流失量,g;S_i为泥沙含量,g/L;V_i为径流体积,L。

3.6.4 分析测试方法

3.6.4.1 径流分析和测试方法

侵蚀性降雨时收集径流并带回实验室进行化学测试分析。分析项目包括铵态氮($NH_4^+ - N$)、硝态氮($NO_3^- - N$)、亚硝态氮($NO_2^- - N$)和总氮(TN)共 4 项。所有项目分析方法均采用国标方法(参照《水和废水监测分析方法》(第 4 版))(国家环保总局,2000)。其中,$NH_4^+ - N$ 采用水杨酸 - 次氯酸钠法,$NO_3^- - N$ 采用紫外分光光度法,$NO_2^- - N$ 采用 1 - 萘基 - 乙二胺光度法,总氮(TN)采用过硫酸钾氧化 - 紫外分光光度法。径流氮流失总量计算公式如下:

$$N_L = \sum_{i=1}^{n} C_i \cdot V_i$$

式中:N_L 为径流氮流失量 ,g;C_i 为径流氮浓度,mg/L;V_i 为径流体积,L。

3.6.4.2 土壤理化性质分析方法

主要测定项目为土壤水分、pH、有机质、全氮、全磷、阳离子交换量等。土壤水分采用烘干法；pH 用蒸馏水电极法（W/V 比为 1:2.5）；硫酸消解后用凯氏定氮法（Kjelflex k－360）测量全氮（TN）含量；全磷（TP）用 $HClO_4/H_2SO_4$ 370 ℃（Krom and Berner，1981）消解后靛蓝比色测定；有效磷（Avi－P）用 0.5 mol/L $NaHCO_3$（Bray and Kurtz，1945）靛蓝比色法；有机质（OM）用重铬酸钾外加热法；阳离子交换量（CEC）采用醋酸铵交换法。

试验小区建好后，首先对试验小区的土壤基本理化性质进行了测定，结果见表 3-8。

表 3-8　坡耕地径流监测区土壤性质

样品	pH	含水量（%）	有机质（mg/g）	速效氮（mg/g）	全氮（mg/g）	全磷（mg/g）	阳离子交换量（cmol/kg）
1	7.87	6.45	6.38	0.17	0.84	0.89	62.20
2	7.86	6.44	6.41	0.16	0.77	1.01	68.10
3	7.88	6.45	6.62	0.19	0.74	0.79	70.10

3.7　本章小结

本章对汾河上游地区和静乐县的基本自然状况进行了介绍，并对娑婆小流域的地形地貌、土壤、气象、水文、植被以及水土流失和水土保持状况进行了描述，在此基础上进一步对娑婆小流域的土地利用状况和结构进行了计算与分析，并布设了径流监测小区，对土壤基本性质进行了测试分析。结果表明，娑婆小流域共有土地面积 12.58 km^2，涉及黑家窑、张才嘴和桥门村三个行政村。土地类型主要为其他土地，占全流域面积的 57.79%；其次为耕地，占全流域面积的 17.81%；荒草地面积占据第三，占全流域面积的 12.96%；林业用地排行第四，占全流域面积的 9.78%。耕地以坡耕地为主，林业用地以灌木林为主。该小流域以其他土地和耕地占主导，土地的利用类型、结构不合理，对经济和生态发展具有重大影响。其中，耕地中以坡耕地为主，是受人类活动影响最剧烈的土地类型，同时也是水土流失和农业面源污染的主要来源之一。

第4章

坡耕地不同植被条件下径流分析

当降雨强度大于土壤入渗强度时，多余的水分来不及入渗，从而在土壤表面产生地表径流。坡面径流的相关指标是衡量坡地水土流失的重要参数，与径流相关的指标主要有产流时间、产流量、产流速率、坡面径流形态等。径流的形成受降雨强度、地面植被条件、地形、土壤状况等的影响，是多个因子相互作用综合影响的结果。本项目针对同一地点同一坡面上不同植被状况下径流的产生过程、产流时间和产流量的差异来研究，对坡耕地水土流失的理论研究和防控思路具有重要的指导作用。

4.1　径流量动态分析

4.1.1　降雨量分析

降雨作为影响区域气候和生态环境变化的重要因素，在农业生态、森林生态和水生态等多种生态环境中发挥着重要作用。因此，对降雨进行监测，对生态环境方面的研究起着重要的基础作用。本项目在实施过程中，对研究区降雨量进行了动态监测，以期通过了解研究区的降雨状况，为径流和坡面泥沙与养分流失提供参考资料。项目实施期研究区降雨信息见图4-1。

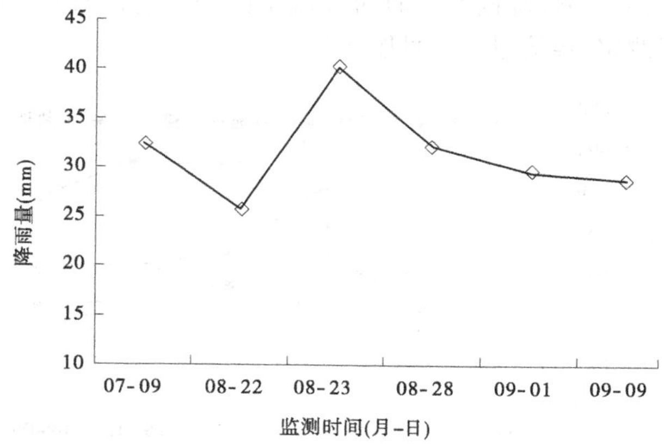

图4-1　研究区监测时间内降雨量

由图4-1可知，项目区不同时间降雨分布很不均匀。在7月，侵蚀性降雨只有7月9日1次，降雨量为32.45 mm。而8月侵蚀性降雨达到3次，分别在8月22日、8月23日和8月28日，降雨量分别为25.76 mm、40.25 mm和

32.18 mm，累计降雨量达到98.19 mm。9月侵蚀性降雨有2次，分别在9月1日和9月9日，降雨量分别为29.56 mm和28.75 mm，累计达到58.31 mm。项目区监测时间内侵蚀性降雨共6次，分布在7～9月3个月内，累计降雨量为188.95 mm，平均每个月降雨量为62.98 mm。

由以上分析可知，该项目区侵蚀性降雨主要集中在8月，是7月的3.03倍，是9月的1.68倍。由于该研究区地处山西省静乐县，全省降雨存在季节差异，因此该研究区不同时间降雨的差异是受大区域气象条件影响所致。降雨量分布不均，对作物生长和粮食产量会产生显著的影响。降雨量过少，则会导致土壤干旱，影响作物生长，加剧干旱和热风等自然气象灾害的发生。降雨量过于集中，则一方面会导致土壤水分过于饱和，地面蒸发加快，地表温度升高和空气湿度加大，作物容易发生热气蒸腾灾害；另一方面，过多的降雨，导致土壤水分过于饱和，来不及入渗，形成大量的地面径流，并发生坡面侵蚀和细沟、浅沟等沟蚀。土壤侵蚀的发生一方面会破坏坡面微地貌，发生冲刷，形成小坑小穴，破坏作物的稳定性，发生倒伏、根系裸露等不利于作物生长的灾害。另一方面，土壤侵蚀的发生，会导致泥沙、径流和养分的大量流失，并在下游河道、湖库等地淤积，影响行洪和泄洪能力，并进一步影响水质和水生态安全。

4.1.2　径流量分析

项目监测期侵蚀性降雨发生时对径流小区径流进行监测，并收集径流带回实验室进行测定，径流量信息见图4-2。

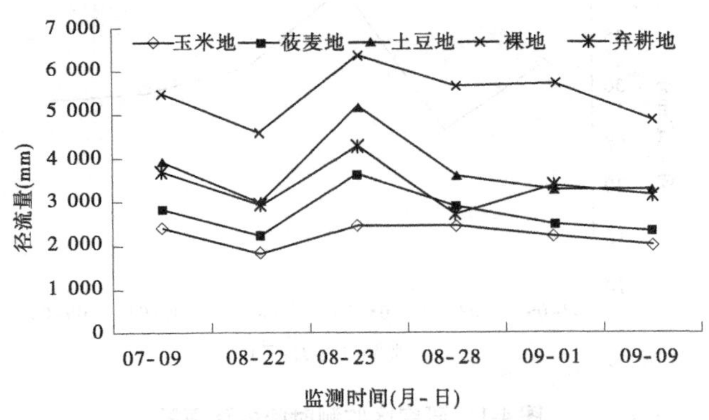

图4-2　研究区监测时期径流量

由图4-2可知，监测时间内，不同植被条件下径流量差异较大，在625.80～2 224.27 mm。其中玉米地径流量差异最小，为625.80 mm，而土豆地差异最大，为2 224.27 mm，莜麦地、弃耕地和裸地之间差异较接近，分别为1 455.63 mm、1 778.50 mm和1 549.48 mm。在监测时间内，8月23日径流量最大，其中玉米地为2 432.40 mm、莜麦地为3 662.75 mm、土豆地为5 214.08 mm、裸地为6 364.39 mm、弃耕地为4 270.11 mm。除弃耕地在8月28日径流量最小（为2 720.63 mm）外，其余四种植被条件下均在8月22日径流量最小。其中玉米地为1 806.60 mm、莜麦地为2 207.12 mm、土豆地为2 989.81 mm、裸地为4 585.90 mm。监测时间内，玉米地、莜麦地、土豆地、裸地和弃耕地五种不同植被条件下，径流量的均值分别为2 215.05 mm、2 724.67 mm、3 717.13 mm、5 448.23 mm和3 364.77 mm。其中裸地最大，为5 448.23 mm，玉米地最小，为2 215.05 mm。

对不同植被条件下径流量进行方差齐性检验，检验结果P值为0.476，大于0.05，可见径流量之间方差齐性，可以进行方差分析。对不同作物条件下的径流量进行方差分析，结果见表4-1。

表4-1　不同植被条件下径流量方差分析

项目	离均差平方和	自由度	均方差	F值	P值
不同植被条件	36 678 668.04	4	9 169 667.01	26.76	0.476
同一植被条件	8 566 871.41	25	342 674.86		
合计	45 245 539.45	29			

由表4-1可知，组间差异显著大于组内差异，F值为26.76，P值小于0.05，这表明不同地面植被条件下径流量之间存在极显著差异，即坡耕地种植不同作物或者采取弃耕等措施能显著改变坡面径流的产量。

对不同时间侵蚀性降雨时径流量进行方差齐性检验，检验结果P值为0.55，大于0.05，可见不同降雨时间径流量之间方差齐性，可以进行方差分析。对不同有效降雨时间条件下的径流量进行方差分析，结果见表4-2。

表4-2　不同降雨时间径流量方差分析

项目	离均差平方和	自由度	均方差	F值	P值
不同场次降雨	6 573 200.57	5	1 314 640.11	0.82	0.55
同一场次降雨	38 672 338.87	24	1 611 347.45		
合计	45 245 539.45	29			

由表4-2可知，组间差异显著小于组内差异，F值为0.82，P值大于0.05，这表明不同监测时间有效降雨量下产生的径流量之间不存在差异，即不同时

间降雨量不同，但对坡面径流量的形成没有明显影响。

4.1.3　降雨量和径流量的关系

降雨量是影响坡面径流形态和径流量的主要影响因子之一，因此降雨量对径流量的产生具有重要的决定作用，因此对不同地面植被条件下降雨量和径流量进行分析是了解坡面径流的主要方法之一。图 4-3 为项目区监测时间内径流量随有效降雨量的变化图。

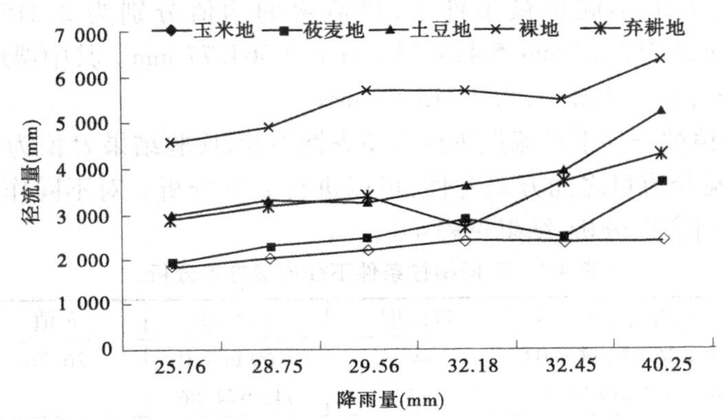

图 4-3　不同地面植被条件下降雨量和径流量关系

由图 4-3 可知，径流量随着降雨量的增大出现逐渐增长的趋势，尽管中间存在一定范围的波动，但整体表现为径流量随着降雨量的增加而逐渐增加的趋势。从图 4-3 中可知，监测时间内降雨量范围在 25. 76 ~ 40. 25 mm，其中玉米地径流量在 1 806. 60 ~ 2 432. 40 mL，均值为 2 215. 05 mL；莜麦地径流量在 1 912. 83 ~ 3 662. 75 mL，均值为 2 622. 24 mL；土豆地径流量在 2 989. 81 ~ 5 214. 08 mL，均值为 3 717. 13 mL；裸地径流量在 4 585. 90 ~ 6 364. 39 mL，均值为 5 448. 23 mL；弃耕地径流量在 2 720. 63 ~ 4 270. 11 mL，均值为 3 364. 77 mL。从径流量均值来看，大小顺序表现为裸地 > 土豆地 > 弃耕地 > 莜麦地 > 玉米地，其中土豆地和弃耕地比较接近。

对监测时间内的降雨量和径流量进行回归分析，结果见表 4-3。

表4-3　降雨量与径流量回归分析

序号	土地利用状况	线性回归方程	R^2
1	玉米地	$Y=128.04X+1\ 766.9$	0.86
2	莜麦地	$Y=276.71X+1\ 653.7$	0.75
3	土豆地	$Y=381.84X+2\ 380.7$	0.80
4	裸地	$Y=303.06X+4\ 387.5$	0.79
5	弃耕地	$Y=204.13X+2\ 679.9$	0.47

注:X为降雨量,mm,Y为径流量,mL。

由表4-3可知,回归分析表明,监测时间内坡耕地不同植被条件下,降雨量和径流量之间呈现出线性关系,R^2除弃耕地为0.47外,其余作物条件下为0.75~0.86,关系显著。

4.2　径流量与地面植被覆盖度的关系分析

径流量的形成受到降雨量、雨强、地形、地面植被状况等多种因素的影响。其地形和地面植被状况是径流形成的主要制约因子。雨滴降落地面后,不同的地形条件,对降雨的影响表现出不同的形式,而且地形因子影响地表径流的形成、汇集、走向和扩散等,并最终主导地表径流的形成方式和形成量。地面植被状况的不同,对降雨降落地面后的动能、接触面、截留、扩散等多种因素具有决定性作用,因此地面植被状况对径流的形成时间、形式和径流量具有决定性作用。

4.2.1　不同时间地面植被覆盖度分析

地面植被状况是影响径流形成的主要因素,因此对地面植被覆盖度进行分析和评价,对径流的形成和变化规律的了解起着关键性作用。图4-4为监测时间内研究区地面植被覆盖度图。

由图4-4可知,监测时间内,坡耕地不同地面植被条件下,地面植被覆盖度呈现出不同的变化趋势。其中土豆地地面植被覆盖度最大,变化范围在45%~77%,均值为67.06%;玉米地次之,变化范围在25%~49%,均值为40.13%;莜麦地第三,变化范围在20%~40%,均值为32.90%;弃耕地第四,

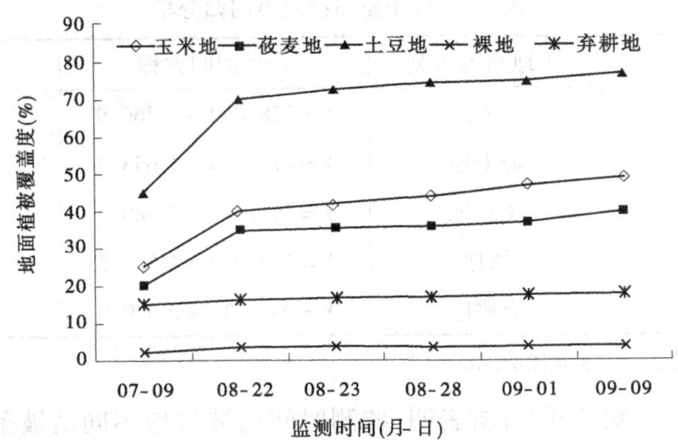

图 4-4　监测时间内项目区地面植被覆盖度

变化范围在 15% ~ 17.40%，均值为 16.39%；裸地最小，变化范围在 2% ~ 3.8%，均值为 3.21%。

对不同地面植被条件下地面植被覆盖度进行方差分析，结果表明，坡耕地种植不同作物后，地面植被覆盖度之间差异显著，结果见表 4-4。同时，对不同时间地面植被覆盖度进行方差分析，其中 F 值为 0.26，P 值为 0.93，差异不显著，表明不同时间地面植被覆盖度之间差异不明显。这表明，在 7 ~ 9 月地面植被覆盖度变化不大。

表 4-4　不同地面植被条件下地面植被覆盖度方差分析

项目	离差平方和	自由度	均方差	F 值	P 值
不同地面作物条件	15 145.24	4	3 786.31	70.46	0.000
同一地面作物条件	1 343.55	25	53.741		
合计	16 488.79	29			

4.2.2　植被覆盖度与径流量关系

径流的形成，受到降雨量、地形因子、土壤状况和地面植被等多个因子的综合影响，其中地面植被覆盖度是影响降雨和径流形成的关键因素。通过对研究区地面植被覆盖度对径流量的影响进行分析，结果见图 4-5，其中图(a)、(b)、(c)、(d)、(e)分别为玉米地、莜麦地、土豆地、弃耕地和裸地五种条件下的植被覆盖度和径流量关系图。

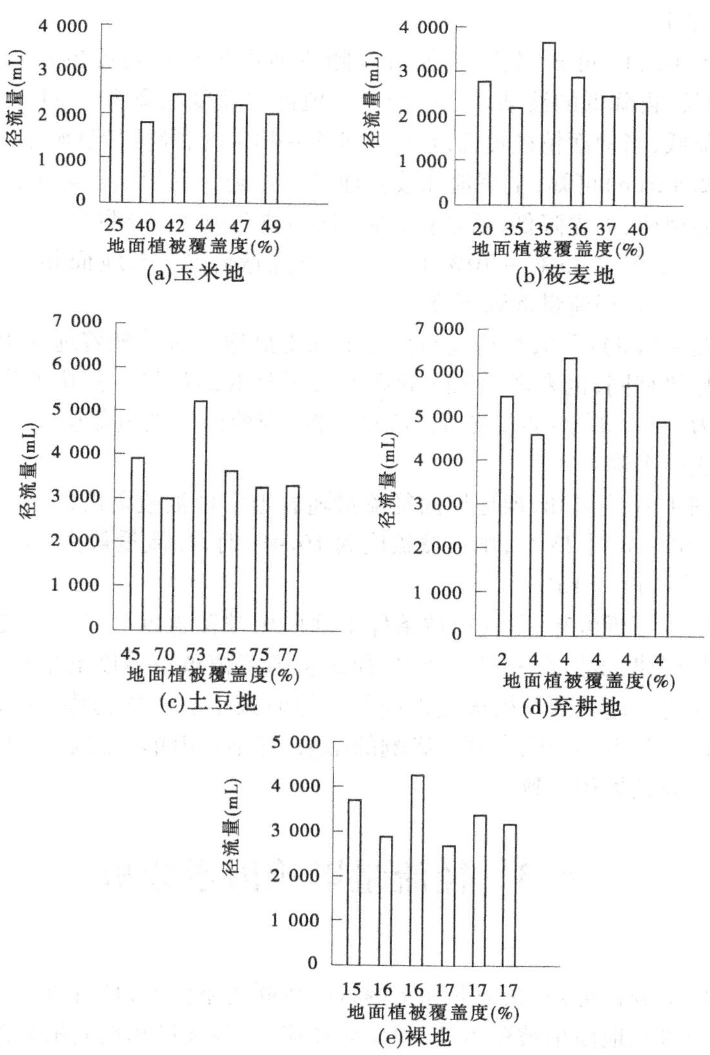

图4-5 地面植被覆盖度与径流量关系

由图4-5(a)可知,玉米地径流量随地面植被覆盖度的增大表现出逐渐减小的趋势,具有非典型线性的特征。只有8月22日,植被覆盖度为40%时,径流量最低,而且低于7月9日植被覆盖度为25%时的径流量。对比分析降雨量可知,8月22日有效降雨量为25.76 mm,在监测时间内最小。由此可知,在地面植被覆盖度和径流量的关系中,降雨量是导致呈现非典型线性关系的主要原因。

由图 4-5(b)可知,莜麦地径流量随着地面植被覆盖度的增加出现先降低,后增长,再降低的波动。其中当地面植被覆盖度在 20% ~34.8%时,坡面径流量降低,当地面植被覆盖度在 35.4% ~40%时,径流量逐渐下降。

由图 4-5(c)可知,土豆地和莜麦地径流量随地面植被覆盖度的变化表现出相同的规律,即先降低,后增长,再降低的波动规律。不同的是,土豆地当地面植被覆盖度在 45% ~70%时,坡面径流量降低,当地面植被覆盖度在 73% ~77%时,径流量逐渐下降。

由图 4-5(d)可知,弃耕地与莜麦地和土豆地径流量随着地面植被覆盖度变化的趋势相同,也表现为先降低后增长再降低的趋势。弃耕地当地面植被覆盖度为 2% ~3.5%时,坡面径流量降低,当地面植被覆盖度大于 3.5%时,径流量逐渐下降。

由图 4-5(e)可知,裸地坡面径流量随着地面植被覆盖度的增加表现出较大的波动性。8 月 23 日,植被覆盖度为 16.4%时,径流量最大,其次为 7 月 9 日,植被覆盖度为 15%。

由以上分析可知,不同植被条件下地面植被覆盖度与径流量之间没有固定的变化规律,虽然在一定范围内,径流量随着植被覆盖度的增加而增加,但总体表现为径流量随着植被覆盖度的增加而减小的变化趋势。由此可见,径流量的形成是由多个因素共同影响的结果,并不是由单一因素所决定的,这与前人的研究结果相一致。

4.3　径流量影响因素分析

从以上分析可知,在地形和土壤状况相同的条件下,径流量的主要影响因子为降雨量和地面植被覆盖度,因此对径流量、降雨量和地面植被覆盖度进行相关性分析,分析结果见表 4-5。

对径流量、降雨量和植被覆盖度进行相关性分析得知,它们之间不存在 Pearson(皮尔逊)直线相关性,存在 Spearman(斯皮尔曼)秩相关和 Kendall(肯德尔)等级相关性。由表 4-5 可知,降雨量和径流量在 0.01 水平显著正相关,与地面植被覆盖度间相关性不显著。即本研究中,影响坡面径流量的决定性因子为降雨量,而地面植被覆盖度与径流量间没有显著相关性。

表 4-5　径流量、降雨量和地面植被覆盖度相关性分析

相关性	影响因素	项目	降雨量	径流量	植被覆盖度
Kendall's tau_b	降雨量	Correlation Coefficient	1.000	0.867(*)	-0.333
		Sig.（2 - tailed)	—	0.015	0.348
	径流量	Correlation Coefficient	0.867(*)	1.000	-0.200
		Sig.（2 - tailed)	0.015	—	0.573
	植被覆盖度	Correlation Coefficient	-0.333	-0.200	1.000
		Sig.（2 - tailed)	0.348	0.573	—
Spearman's rho	降雨量	Correlation Coefficient	1.000	0.943(**)	-0.314
		Sig.（2 - tailed)	—	0.005	0.544
	径流量	Correlation Coefficient	0.943(**)	1.000	-0.143
		Sig.（2 - tailed)	0.005	—	0.787
	植被覆盖度	Correlation Coefficient	-0.314	-0.143	1.000
		Sig.（2 - tailed)	0.544	0.787	—

注：* Correlation is significant at the 0.05 level (2 - tailed)。
** Correlation is significant at the 0.01 level (2 - tailed)。

4.4　本章小结

本章主要对 2014 年 7～9 月降雨集中的 3 个月内试验区降雨状况、不同地面植被状况下的径流变化状况、降雨量和径流量的关系等几方面进行了研究。结果表明,3 个月内累计有侵蚀性降雨量 188.95 mm,平均每月侵蚀性降雨量为 62.98 mm。监测时间内,玉米地、莜麦地、土豆地、裸地和弃耕地五种不同植被条件下,径流量的均值分别为 2 215.05 mm、2 724.67 mm、3 717.13 mm、5 448.23 mm和 3 364.77 mm,表现为随着降雨量的增加而逐渐增加的趋势,顺序为裸地 > 土豆地 > 弃耕地 > 莜麦地 > 玉米地。回归分析表明,降雨量和径流量间呈现出线性关系,关系显著。地面植被覆盖度与径流量间没有固定的变化规律,但整体表现为径流量随着地面植被覆盖度的增加而减小的趋势。径流量、降雨量和地面植被覆盖度间存在 Spearman(斯皮尔曼)秩相关和 Kendall(肯德尔)等级相关性,其中降雨量与径流量间为显著正相关,与地面植被覆盖度间相关性不显著。

第5章

坡耕地不同植被条件下泥沙流失量分析

土壤侵蚀是导致生态系统脆弱的主要自然灾害之一（李定强、姚少雄，1998），它的发生与发展是受气候、水文、地质、地貌和生物等因素共同作用的综合结果。其他因素对土壤侵蚀的影响在很大程度上取决于植被因素，特别是人为活动对植被的影响。人为活动对植被的影响以改变土地利用方式为主（柳长顺等，2001；朴圣国等，2010）。土地利用方式对地面植被状况产生着最直接的影响，不同的土地利用方式不仅影响着地面植被的生长状况和地面植被覆盖度，而且对土壤质地、土壤抗蚀性等有着直接的作用。因此，不同植被条件下的土壤流失量既能衡量土地利用方式对植被状况的反馈，又能间接地反映土壤的质地状况。

5.1　泥沙流失量分析

坡耕地表层土壤随径流流失对土壤肥力和植物生长状况产生最直接的影响，是坡耕地土壤流失的主要发生部位。同时，土壤随径流从坡面流失后经过不断的沉淀淤积和再次冲刷等一系列作用，并最终进入河道。因此，对坡耕地流失土壤进行监测是分析与评价土地退化和水生态环境恶化的重要手段。2014 年 7 ~9 月对研究区径流小区泥沙流失量进行了为期 3 个月的定期监测和统计分析，结果见图 5-1。

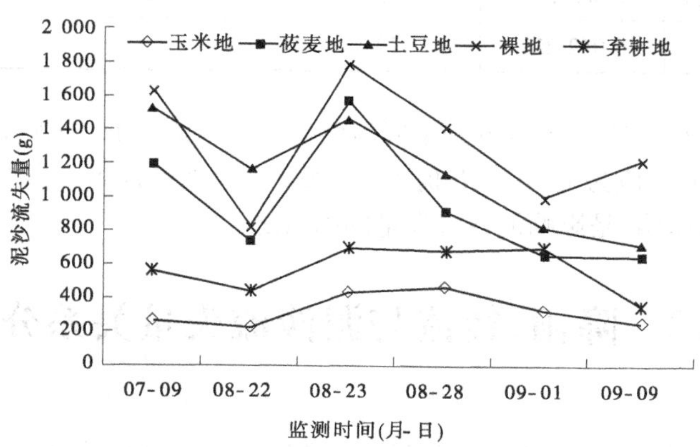

图 5-1　监测时间内泥沙流失量

由图 5-1 可知，坡耕地研究区 10 m^2 径流小区，监测时间内不同植被条件下 6 次侵蚀性降雨形成泥沙流失量之间差异较大。泥沙流失量范围分别为：

玉米地 223.29 ~ 462.57 g,均值为 326.81 g;莜麦地 651.22 ~ 1 569.75 g,均值为 954.80 g;土豆地 722.84 ~ 1 527.17 g,均值为 1 140.10 g;裸地 809.28 ~ 1 795.09 g,均值为 1 314.22 g;弃耕地 354.66 ~ 695.13 g,均值为 568.77 g。从均值来看,泥沙流失量大小顺序为:裸地 > 土豆地 > 莜麦地 > 弃耕地 > 玉米地。

对试验小区 7 ~ 9 月为期 3 个月 6 次侵蚀性降雨所形成的泥沙流失总量进行分析,则累积泥沙流失量分别为:玉米地 1 960.88 g、莜麦地 5 728.78 g、土豆地 6 840.78 g、裸地 7 885.34 g、弃耕地 3 412.65 g。累积泥沙流失量大小顺序为:裸地 > 土豆地 > 莜麦地 > 弃耕地 > 玉米地。

监测期内 6 次侵蚀性降雨每平方米泥沙流失量范围分别为:玉米地在 22.33 ~ 46.26 g,均值为 32.68 g;莜麦地在 65.12 ~ 156.97 g,均值为 95.48 g;土豆地在 72.28 ~ 152.72 g,均值为 114.01 g;裸地在 80.93 ~ 179.51 g,均值为 131.42 g;弃耕地在 35.47 ~ 69.51 g,均值为 56.88 g。从均值来看,大小顺序为:裸地 > 土豆地 > 莜麦地 > 弃耕地 > 玉米地。

对研究区累积泥沙流失量进行方差分析,结果见表 5-1。

表 5-1　坡面累积泥沙流失量方差分析

项目	离均差平方和	自由度	均方差	*F* 值	*P* 值
不同植被条件	3 977 133	4	994 283.236	12.037	0.000
同一植被条件	2 065 078	25	82 603.115		
合计	6 042 211	29			

由表 5-1 可知,研究区五种不同地面植被类型条件下,泥沙流失量间差异极显著,其中 *F* 值为 12.037,*P* 值为 0.000。这表明地面植被类型对泥沙流失量具有显著影响,是影响泥沙流失量的因素之一。

5.2　降雨、径流与泥沙流失量关系分析

降雨和径流是影响泥沙流失量的主要因素。降雨的强度影响泥沙形成的方式和过程,包括雨滴滴溅侵蚀和坡面侵蚀。当雨水降落地面后,雨滴对地面撞击会导致地面土壤颗粒从原地表迁移,从而形成滴溅侵蚀。当降雨量达到一定程度,坡面形成超渗或蓄满产流后,坡面上将形成不同形式的坡面径流,

进一步发生面蚀。面蚀发展到一定程度将形成沟蚀，并加剧土壤侵蚀的发生。

5.2.1　降雨量与泥沙流失量关系分析

降雨量是影响泥沙流失的主要影响因子之一，因此通过对项目区试验地降雨量和泥沙流失量的分析，可以了解不同地面植被条件下降雨量与泥沙量之间的相互关系，结果见图 5-2。

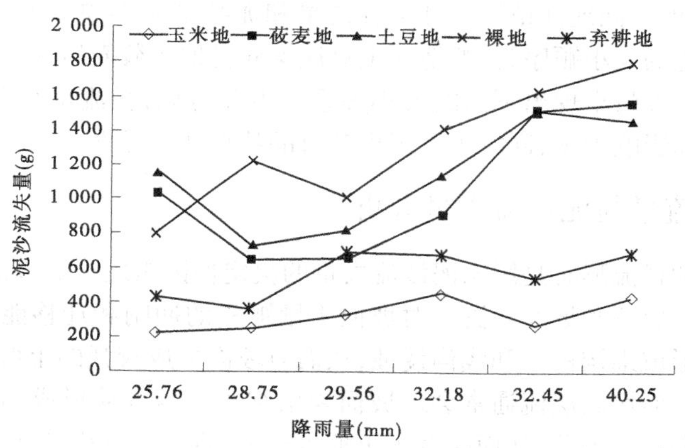

图 5-2　降雨量与泥沙流失量关系

由图 5-2 可知，泥沙流失量整体呈现出随降雨量增加而加大的基本趋势，而且不同植被条件下泥沙流失量间差异较大。由图 5-2 可知，弃耕地泥沙流失量随着降雨量的增加呈现逐渐增长的趋势，而莜麦地和土豆地呈现先降低后增长的趋势，而且降雨量小于 30 mm 时泥沙流失量增长较快。玉米地和弃耕地随着降雨量的增加缓慢增长，而且随着降雨量的变化变化较小。由图 5-2可知，降雨量最小为 25. 76 mm 时，泥沙流失量分别为：玉米地 223. 29 g、莜麦地 1 029. 99 g、土豆地 1 162. 70 g、裸地 809. 28 g、弃耕地 435. 08 g。降雨量为 29. 56 mm 时，泥沙流失量分别为：玉米地 330. 48 g、莜麦地 658. 01 g、土豆地 817. 27 g、裸地 1 008. 11 g、弃耕地 693. 48 g。降雨量为 32. 45 mm 时，泥沙流失量分别为：玉米地 266. 09 g、莜麦地 1 521. 15 g、土豆地 1 527. 17 g、裸地 1 633. 01 g、弃耕地 554. 14 g。降雨量为 40. 25 mm 时，泥沙流失量分别为：玉米地 429. 25 g、莜麦地 1 569. 75 g、土豆地 1 470. 64 g、裸地 1 795. 09 g、弃耕地 695. 13 g。裸地泥沙流失量最大，在 809. 28 ~ 1 795. 09 g，均值为 1 314. 22 g；土豆地次之，在 722. 84 ~ 1 527. 17 g，均值为 1 140. 22 g；莜麦地第三，在 651. 22 ~ 1 569. 75 g，均值为 1 057. 22 g；弃耕地第四，在 354. 66 ~

695.13 g,均值为 568.77 g;玉米地最小,在 223.29 ~ 462.57 g,均值为 326.81 g。五种地面植被条件下泥沙流失量大小顺序为:裸地 > 土豆地 > 莜麦地 > 弃耕地 > 玉米地。

降雨量是导致泥沙流失的关键因素之一,但降雨强度、径流形态、地面植被和土壤状况才是决定泥沙流失量的决定性因素。由 4.1.3 降雨量和径流量的关系可知,监测时间内径流量与泥沙流失量均随着降雨量的增大呈现逐渐增加的趋势,但不同地面植被条件下径流量和泥沙量大小顺序不同。径流量随降雨量变化的大小顺序为:裸地 > 土豆地 > 弃耕地 > 莜麦地 > 玉米地,与降雨量和泥沙流失量呈现出不同的大小关系。由此可见,径流量和泥沙的流失具有部分共同影响因子,同时也表现出各自的特点和差异性。

5.2.2　径流量与泥沙流失量分析

径流量和径流形态是影响泥沙流失量的决定性因素之一。坡面径流流态通常分为坡面层流和坡面紊流。对坡面土壤颗粒的冲刷和迁移能力来说,坡面紊流更易形成细沟侵蚀和浅沟侵蚀,从而对坡面形成较强的土壤侵蚀,带走大量的泥沙。而坡面层流通常会对坡面表层细小土壤颗粒形成剥蚀,带走大量土壤细小颗粒和养分,从而降低了土地生产力,将养分输移到下游地区。对研究区试验地径流量和泥沙流失量间相互关系进行了分析,见图 5-3。其中图 5-3(a)、(b)、(c)、(d)、(e)分别为玉米地、莜麦地、土豆地、弃耕地和裸地径流量与泥沙流失量关系图。

由图 5-3(a)可知,玉米地泥沙流失量基本随着径流量的增加而逐渐增加,只有在径流量为 2 395 mL 时,泥沙含量有所降低,但整体趋势为随着径流量的增加而增加。由图 5-3(b)可知,莜麦地泥沙流失量也基本随着径流量的增加而增加,只有径流量为 2 892 mL 时,泥沙含量有所降低。由图 5-3(c)可知,土豆地一开始泥沙流失量随着径流量的增加而减少,当径流量为3 293 mL 时,泥沙量开始增长,而且当径流量为 3 927 mL 时,泥沙量又有所降低。由图 5-3(d)可知,弃耕地泥沙量一开始随着径流量的增加而增加,当径流量在 5 467 ~ 5 713 mL 时,泥沙量逐渐下降,径流量大于 5 713 mL 时泥沙量又增加。由图 5-3(e)可知,裸地泥沙流失量随着径流量的增加呈现“W”型变化,即径流量在 2 721 ~ 3 369 mL 时,泥沙量逐渐下降,随之泥沙量又上升,在 3 386 ~ 3 708 mL 时又下降,最后又上升,呈现出动态波动。

由以上分析可知,研究区坡耕地种植玉米、莜麦和土豆时泥沙流失量呈现出随径流量增加而增加的趋势,而裸地和弃耕地则表现出动态波动,没有表现

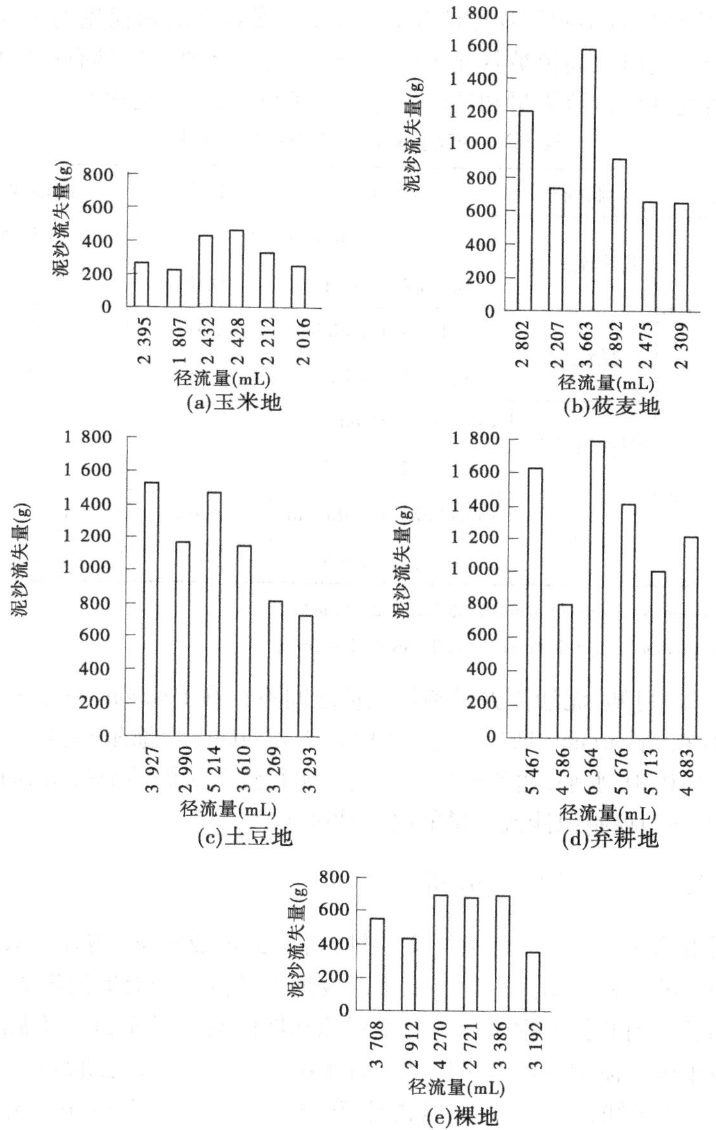

图5-3　径流量与泥沙流失量关系

出比较一致的变化规律。

泥沙流失量受到多方面因素的影响，如降雨量、雨强、地面植被覆盖度、径流量、地形和土壤理化性质等。本研究中尽管地形和土壤理化性质相同，但当研究区坡耕地进行不同作物种植和处理后，土壤对降雨和径流的抗蚀性存在一定的差异，同时地面植被状况也不同，对土壤的抗蚀性也具有一定的影响。因此，对研究区泥沙流失量和径流量进行相关分析，结果见表5-2。

表5-2 径流量和泥沙流失量相关分析

相关性	影响因素	项目	径流量	泥沙流失量
Kendall' s tau_b	泥沙流失量	Correlation Coefficient	0.572 * *	1.00
		Sig. (2 – tailed)	0.00	—
	径流量	Correlation Coefficient	1.00	0.572 * *
		Sig. (2 – tailed)	—	0.00
Spearman' s rho	泥沙流失量	Correlation Coefficient	0.754 * *	1.00
		Sig. (2 – tailed)	0.00	—
	径流量	Correlation Coefficient	1.00	0.754 * *
		Sig. (2 – tailed)	—	0.00

注： * Correlation is significant at the 0.05 level (2 – tailed)。

* * Correlation is significant at the 0.01 level (2 – tailed)。

由表5-2可知，泥沙流失量和径流量之间不存在Pearson（皮尔逊）直线相关性，但存在Spearman（斯皮尔曼）秩相关和Kendall（肯德尔）等级相关性，而且相关性在0.01水平，达到极显著。这表明径流量对泥沙流失量具有直接的影响，是主导和控制泥沙流失量的决定性因子之一。

5.2.3 径流中泥沙比例分析

降雨雨滴滴到地面会形成滴溅侵蚀，对地面形成扰动，破坏地表结构，导致土壤颗粒的迁移。雨滴在地面汇集形成地表径流后会对坡面形成一定的冲刷，形成面蚀，因此径流中会混合滴溅侵蚀和坡面面蚀形成的大量泥沙。对研究区试验小区径流中泥沙含量比例进行了统计分析，结果见图5-4。

由图5-4可知，径流中泥沙所占比例，不同地面植被条件下差异较大，而且随着时间的推移莜麦地、土豆地和裸地呈现逐渐下降的趋势，而玉米地和弃耕地有逐渐增加的趋势。

从地面植被状况来看，莜麦地泥沙所占比例最大，在26.58%～42.86%，均值为34.36%；土豆地次之，在21.95%～38.89%，均值为30.67%；裸地第三，在17.65%～29.87%，均值为23.86%；弃耕地第四，在11.11%～

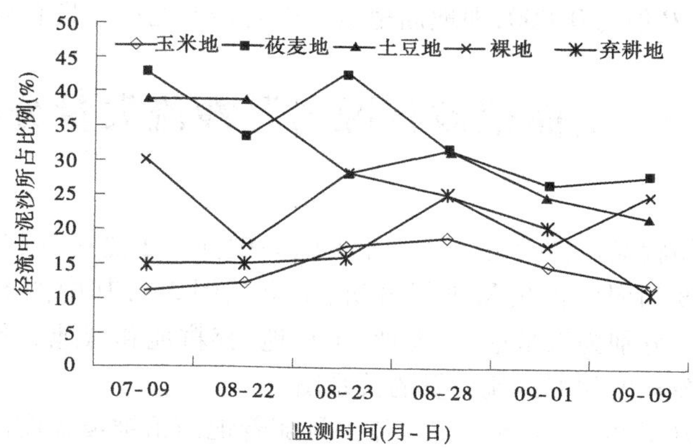

图 5-4　径流中泥沙所占比例

25.00%，均值为 17.36%；玉米地最小，在 11.11% ~ 19.05%，均值为 14.70%。

从时间来看，在 2014 年 8 月 23 日，径流中泥沙所占比例最高，变化范围在 12.68% ~ 42.86%，均值为 29.57%。7 月 9 日次之，变化范围在 11.11% ~42.86%，均值为 26.98%。8 月 22 日和 8 月 28 日居中，变化范围分别在 12.36% ~ 38.89% 和 19.05% ~ 31.58%，均值分别为 25.62% 和 25.31%。9 月 1 日第四，变化范围在 14.94% ~26.58%，均值为 20.76%。9 月 9 日最小，变化范围在 11.11% ~28.21%，均值为 19.66%。

由以上分析可知，在监测时间内，径流中泥沙所占比例差异较大，最高可达 42.86%，最小为 11.11%，而且不同时间差异较大。对不同降雨时间径流中泥沙含量所占比例进行方差分析，F 值为 0.57，P 值为 0.73，方差不显著，即降雨时间对径流中泥沙所占比例没有显著影响。

对不同地面植被条件下径流中泥沙所占比例进行方差分析，结果见表 5-3。

表 5-3　不同地面植被条件下径流中泥沙所占比例方差分析

项目	离均差平方和	自由度	均方差	F 值	P 值
不同植被条件	1 717.968	4	429.492	13.297	0.000
同一植被条件	807.482	25	32.299		
合计	2 525.450	29			

由表 5-3 可知，不同地面植被条件下径流中泥沙所占比例间差异显著，F

值为 13.297,P 值为 0.000,即地面植被条件对径流泥沙比具有显著影响。

5.3　地面植被状况与泥沙流失量分析

地面作物状况是影响坡面泥沙流失的关键性因子之一,因此对研究区地面植被覆盖度和泥沙流失量进行分析,结果见图 5-5,其中图 5-5(a)、(b)、(c)、(d)、(e)分别为玉米地、莜麦地、土豆地、弃耕地和裸地五种植被状况下的地面植被覆盖度和泥沙流失量的关系图。

由图 5-5(a)可知,玉米地泥沙流失量随着地面植被覆盖度的增加而呈现出先减少,后增加,最后再降低的趋势。当地面植被覆盖度在 25% ~40% 时,泥沙流失量逐渐降低,在 40% ~44% 时,泥沙流失量逐渐增加,在 44% ~49% 时,泥沙流失量又逐渐降低。由图 5-5(b)可知,莜麦地泥沙流失量也随着地面植被覆盖度的增加而表现出先减少,后增加,最后再降低的趋势,与玉米地有类似的变化规律。当地面植被覆盖度在 25% ~40% 时,泥沙流失量逐渐降低,在 40% ~42% 时,泥沙流失量又增加,在 42% ~49% 时,泥沙流失量再逐渐降低。由图 5-5(c)可知,土豆地泥沙流失量尽管中间有所波动,但整体呈现出随着地面植被覆盖度的增加而逐渐减少的趋势,只有当地面植被覆盖度在 70% 时,泥沙流失量比植被覆盖度在 73% 时低,其余植被覆盖度下,均表现为随着植被覆盖度增加而减少的趋势。由图 5-5(d)可知,弃耕地泥沙流失量随着地面植被覆盖度的增加而呈现出先减少,后增加,再减少,最后增加的波动。当地面植被覆盖度在 2% ~3.5% 时,泥沙流失量逐渐降低,在 3.5% ~3.6% 时,泥沙流失量又逐渐降低,在 3.6% ~3.8% 时,泥沙流失量增加。由图 5-5(e)可知,裸地泥沙流失量随着地面植被覆盖度的增加而呈现出先减少,后增加,然后趋于平缓,最后再降低的趋势。当地面植被覆盖度在 15% ~16% 时,泥沙流失量逐渐降低,在 16% ~16.4% 时,泥沙流失量逐渐增加,在 16.4% ~17.2% 时,泥沙流失量趋于平缓,在 17.2% ~17.4% 时,又逐渐降低。

由以上分析可知,地面植被覆盖度与泥沙流失量之间没有固定的变化规律,随着地面植被覆盖度的增加,泥沙流失量波动较大,有先增加,后减少,再增加;先减少,又增加,再减少等多种变化方式。因此,对地面植被覆盖度和泥沙流失量进行相关分析,结果见表 5-4。

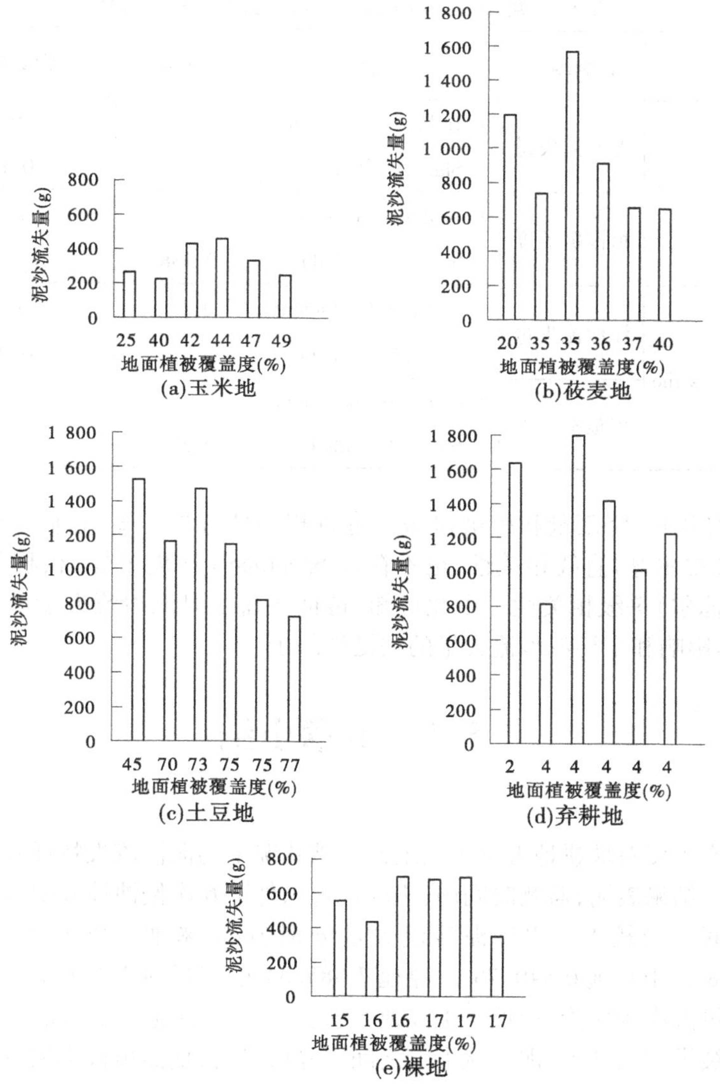

图 5-5　地面植被覆盖度与泥沙流失量关系

表 5-4 地面植被覆盖度和泥沙流失量相关性分析

相关性	影响因素	项目	植被覆盖度	泥沙流失量
Kendall's tau_b	泥沙流失量	Correlation Coefficient	1.00	-0.192
		Sig. (2 - tailed)	—	0.138
	植被覆盖度	Correlation Coefficient	-0.192	1.00
		Sig. (2 - tailed)	0.138	—
Spearman's rho	泥沙流失量	Correlation Coefficient	1.00	-0.215
		Sig. (2 - tailed)	—	0.254
	植被覆盖度	Correlation Coefficient	-0.215	1.00
		Sig. (2 - tailed)	0.254	—

对径流量、降雨量和植被覆盖度进行相关性分析得知，它们之间不存在 Pearson(皮尔逊)直线相关性，也不存在 Spearman(斯皮尔曼)秩相关和 Kendall(肯德尔)等级相关性。由此可知，植被覆盖度对泥沙流失量没有显著影响，不是影响和主导泥沙流失量的关键性因子。

5.4 本章小结

本章主要对坡耕地五种不同地面植被状况下的泥沙流失特征和差异进行了研究。结果表明，监测时间内，不同植被条件下 6 次侵蚀性降雨形成泥沙流失量之间差异较大。累计泥沙流失量分别为：玉米地 1 960.88 g、莜麦地 5 728.78 g、土豆地 6 840.78 g、裸地 7 885.34 g、弃耕地 3 412.65 g。累积泥沙流失量大小顺序为：裸地 > 土豆地 > 莜麦地 > 弃耕地 > 玉米地。五种不同地面植被类型条件下，泥沙流失量之间差异极显著，地面植被类型对泥沙流失量具有显著影响，是影响泥沙流失量的因素之一。同样，泥沙流失量有随着侵蚀性降雨量增加而增加的趋势，而且不同植被条件下泥沙流失量之间差异较大。

泥沙流失量和径流量之间存在 Spearman 秩相关和 Kendall 等级相关性，且达到极显著。玉米地、莜麦地和土豆地泥沙流失量总体表现为：随着地面植被覆盖度的增加而呈现出先减少，后增加，最后再降低的趋势。弃耕地泥沙流失量随着地面植被覆盖度的增加而呈现出先减少,后增加,再减少,最后增加的波动。裸地泥沙流失量随着地面植被覆盖度的增加而呈现出先减少,后增加,然后趋于平缓,最后再降低的趋势。

第6章

坡耕地不同植被条件下氮素流失分析

土壤养分是植物生长所必需的营养元素，是决定植物生长和土地生产力的重要因素之一，也是土壤的基本特性之一。土壤学家将土壤特性在不同空间位置上存在明显差异的属性称为土壤特性的空间变异性（赵莉荣，2010；冯晓等，2010）。土壤特性的变异性普遍存在，并且情况比较复杂。成土母质、地形、人类活动等对土壤养分空间变异均有较大影响（王宏庭等，2004）。水土流失作为一种自然和人为活动相结合的自然灾害，对土地生产力和土壤肥力的空间分布状况具有重要影响。在农林领域，随径流和土壤流失的养分主要是氮和磷，是造成水体富营养化的主要面源污染物。

6.1　氮流失形态和浓度分析

土壤中氮素主要来源于成土母质中的氮、人工施肥、地表枯落物分解、固定微生物固氮以及植物根系分解等多种途径，其中人工施肥是土壤氮素的主要补充来源，并且对我国粮食生产和供给保障发挥了重要的作用。但是，肥料的大量使用在我国农业生产发展过程中也付出了沉重的代价，化肥和农药使用量千百倍地增长，增产效果却没有相应地成倍增长，从而加重了环境污染。氮肥作为作物生长所必需的大量养分元素，在土壤中的含量和循环相对较快，因此对坡耕地中流失的氮素形态和浓度进行分析具有重要的意义。

6.1.1　土壤中氮形态种类分析

我国耕地中土壤氮含量一般在 0.04% ~0.35%，并且表现为表层高，心、底层低的规律。除去成土母质中所包含的氮外，土壤中氮素通过生物固氮作用、降水、浇灌以及施肥的方式来补充。其中，人工施肥是土壤氮素的主要来源和补充。土壤中氮通常分为有机氮和无机氮两种，其中有机氮又分为可溶性有机氮（<5%）、水解性有机氮（50% ~70%）和非水解性有机氮（30% ~50%），无机氮又分为铵态氮（$NH_4^+ - N$）、硝态氮（$NO_3^- - N$）和亚硝态氮（$NO_2^- - N$）三种（巴特尔·巴克等，2007；韩张雄等，2012）。

土壤中有机氮占大多数，其中可溶性有机氮主要是游离氨基酸、胺盐及酰胺类化合物。水解性有机氮是指用酸碱或酶处理后所得的有机氮，通常包括蛋白质及肽类、核蛋白类、氨基糖类化合物。非水解性有机氮主要是杂环态氮、缩胺类（张金波、宋长春，2004）。

土壤中无机氮所占比例较小，总量少，变化较大。土壤中存在的铵态氮

(NH_4^+ －N)通常可被土壤胶体吸附，一般不易流失。通常土壤中铵态氮以三种方式存在：游离态、交换态和固定态。其中游离态和交换态是速效氮，可以直接被植物吸收，同时也极易随径流和土壤而流失掉。硝态氮(NO_3^- －N)在土壤中具有较大的移动性，在通气不良条件下易发生反硝化作用形成亚硝态氮，从而损失。硝态氮在土壤中通常以硝态氮形式存在，这种形态的氮是土壤中的速效氮，容易被植物吸收，同时也极易随径流流失掉。亚硝态氮(NO_2^- －N)主要在厌氧条件下存在，数量极少，在土壤里通常以游离态存在，而且在条件适宜时可以和硝态氮发生相互转化(张豫，2011)。此外，土壤中还存在其他形态的无机氮，但相对较少，如铵态氮、氮气及气态氮氧化合物。

土壤中的氮素通过径流或泥沙进入河道或水体后，在合适的条件下能相互转化，可转化成 NO_2^- －N 和 NH_4^+ －N 等，因为它们对人类和水生生物具有毒性，是主要的目标污染物(潘响亮、邓伟，2003)。不同形态的氮素从土壤流失，随径流进入水体，而氮素的浓度是影响水体水质的关键，因此氮流失的形态和浓度是影响土地生产力和水生态环境的重要因子。

6.1.2 氮流失浓度分析

浓度是决定流失量的决定因素，是判断水体质量的关键指标，因此对研究区坡面径流中各形态无机氮浓度进行分析，结果见图 6-1。

由图 6-1(a)可知，除裸地外，监测时间内其余 4 种植被状况下，NO_3^- －N 浓度基本呈现逐渐下降的趋势，而且玉米地、莜麦地、土豆地和弃耕地之间存在一定差异。其中玉米地浓度范围在 11.28～12.24 mg/mL，均值为 11.83 mg/mL；莜麦地浓度范围在 10.72～11.92 mg/mL，均值为 11.32 mg/mL；土豆地浓度范围在 9.66～11.29 mg/mL，均值为 10.59 mg/mL；弃耕地浓度范围在 8.78～10.74 mg/mL，均值为 9.92 mg/mL；裸地浓度范围在 11.76～13.27 mg/mL，均值为 12.59 mg/mL。从均值来看，径流中 NO_3^- －N 浓度为：裸地 > 玉米地 > 莜麦地 > 土豆地 > 弃耕地。

由图 6-1(b)可知，监测时间内不同植被条件下 TN 浓度大体呈现先增长后下降的趋势，而且不同植被之间存在一定差异。其中玉米地浓度范围在25.84～30.14 mg/mL，均值为 27.67 mg/mL；莜麦地浓度范围在 25.41～32.14 mg/mL，均值为 28.81 mg/mL；土豆地浓度范围在 28.54～36.01 mg/mL，均值为 31.05 mg/mL；裸地浓度范围在 30.51～34.54 mg/mL，均值为 32.51 mg/mL；弃耕地浓度范围在 26.75～31.07 mg/mL，均值为 29.92 mg/mL。从均值来看，径流中 TN 浓度为：裸地 > 土豆地 > 弃耕地 > 莜麦地 > 玉米地。

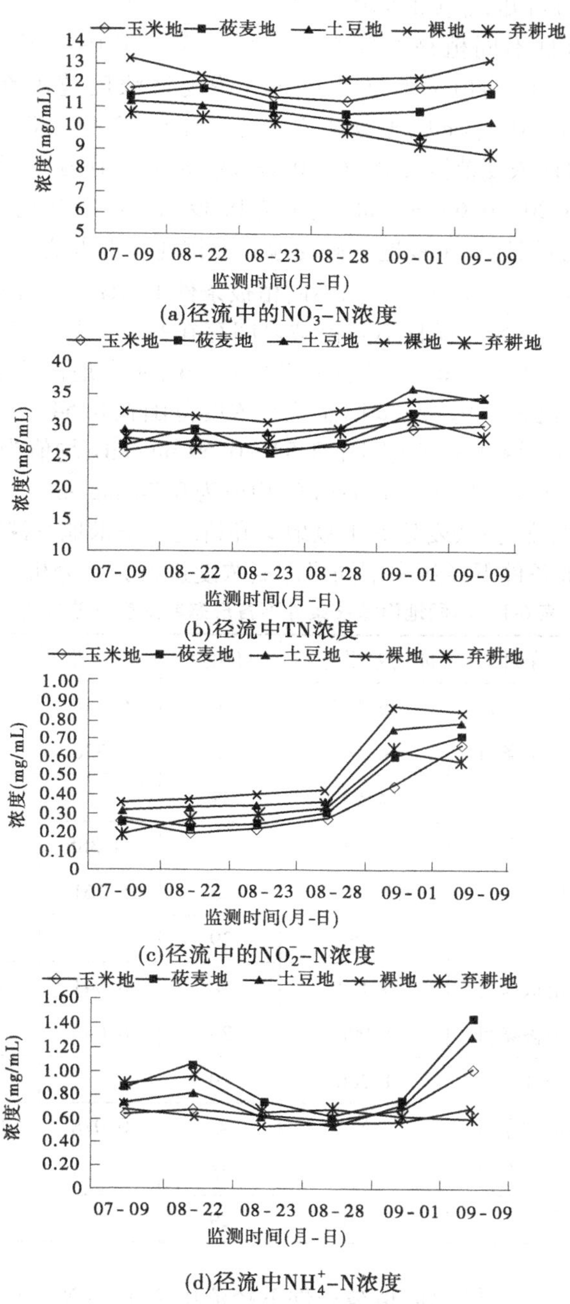

(a)径流中的NO_3^--N浓度

(b)径流中TN浓度

(c)径流中的NO_2^--N浓度

(d)径流中NH_4^+-N浓度

图 6-1 监测时间内各种形态氮流失浓度

由图 6-1(c)可知,监测时间内不同植被条件下 NO_2^- –N 浓度呈先上升后下降的趋势,而且不同植被之间存在一定差异。其中玉米地浓度范围在 0.20～0.67 mg/mL,均值为 0.35 mg/mL;莜麦地浓度范围在 0.24～0.72 mg/mL,均值为 0.40 mg/mL;土豆地浓度范围在 0.32～0.80 mg/mL,均值为 0.49 mg/mL;裸地浓度范围在 0.36～0.88 mg/mL,均值为 0.55 mg/mL;弃耕地浓度范围在 0.20～0.63 mg/mL,均值为 0.39 mg/mL。从均值来看,径流中 NO_2^- –N 浓度为:裸地 > 土豆地 > 莜麦地 > 弃耕地 > 玉米地。

由图 6-1(d)可知,监测时间内不同植被条件下 NH_4^+ –N 浓度变化为先升高后降低再升高的趋势,而且不同植被之间存在一定差异。其中玉米地浓度范围在 0.58～1.02 mg/mL,均值为 0.70 mg/mL;莜麦地浓度范围在 0.62～1.44 mg/mL,均值为 0.92 mg/mL;土豆地浓度范围在 0.54～1.29 mg/mL,均值为 0.79 mg/mL;裸地浓度范围在 0.53～0.69 mg/mL,均值为 0.61 mg/mL;弃耕地浓度范围在 0.61～0.96 mg/mL,均值为 0.74 mg/mL。从均值来看,径流中 NH_4^+ –N 浓度为:莜麦地 > 土豆地 > 弃耕地 > 玉米地 > 裸地。

对不同植被条件下径流中不同形态氮浓度进行方差分析,结果见表 6-1。

表 6-1　不同地面植被条件下各形态氮浓度方差分析

氮形态	植被条件	离均差平方和	自由度	均方差	*F* 值	*P* 值
NO_3^- –N	不同植被条件	26.135	4	6.534	19.452	0.000
	同一植被条件	8.397	25	0.336		
	合计	34.532	29			
TN	不同植被条件	97.540	4	24.385	4.724	0.006
	同一植被条件	129.035	25	5.161		
	合计	226.575	29			
NO_2^- –N	不同植被条件	0.164	4	0.041	0.937	0.458
	同一植被条件	1.096	25	0.044		
	合计	1.260	29			
NH_4^+ –N	不同植被条件	0.311	4	0.078	1.854	0.150
	同一植被条件	1.047	25	0.024		
	合计	1.358	29			

由表 6-1 可知,不同地面植被条件下径流中 NO_3^- –N 浓度之间有显著差

异,TN 浓度之间也存在显著差异,而 NO_2^- –N 和 NH_4^+ –N 的浓度之间不存在显著差异。地面植被条件对径流中 NO_3^- –N 和 TN 浓度具有影响,是养分流失的因素之一。而地面植被条件对径流中 NO_2^- –N 和 NH_4^+ –N 浓度变化没有影响,对坡面中 NO_2^- –N 和 NH_4^+ –N 的流失影响不显著。

在不同场次侵蚀性降雨状况下,对径流中不同形态氮浓度进行方差分析,结果见表 6-2。

表 6-2　不同降雨状况下各形态氮浓度方差分析

氮形态	降雨状况	离均差平方和	自由度	均方差	*F* 值	*P* 值
NO_3^- –N	不同场次降雨	3.684	5	0.737	0.573	0.720
	同一场次降雨	30.848	24	1.285		
	合计	34.532	29			
TN	不同场次降雨	97.705	5	19.541	3.639	0.014
	同一场次降雨	128.869	24	5.370		
	合计	226.574	29			
NO_2^- –N	不同场次降雨	1.038	5	0.208	22.377	0.000
	同一场次降雨	0.223	24	0.009		
	合计	1.261	29			
NH_4^+ –N	不同场次降雨	0.538	5	0.117	3.608	0.014
	同一场次降雨	0.775	24	0.032		
	合计	1.313	29			

由表 6-2 可知,不同降雨时坡面径流中 NO_3^- –N 之间没有显著差异,这表明降雨量对坡面径流中硝态氮影响不大,不是主要影响因素。而 TN、NO_2^- –N 和 NH_4^+ –N 各自的浓度之间差异显著,这表明降雨量是影响它们浓度差异的因素之一,在坡耕地养分流失中,降雨量是需要考虑和控制的因子。

6.2　各形态氮流失量分析

土壤氮素作为作物生长必需的大量元素,它的流失对植物养分的需求、土壤肥力的保证以及下游河流湖库水质的稳定都是一种威胁。因此,对坡面不同形态氮的流失量进行统计分析，具有现实的指导意义。

6.2.1 无机氮流失量分析

对研究区不同植被条件下随坡面径流流失的三种无机氮含量进行分析，结果见图6-2。

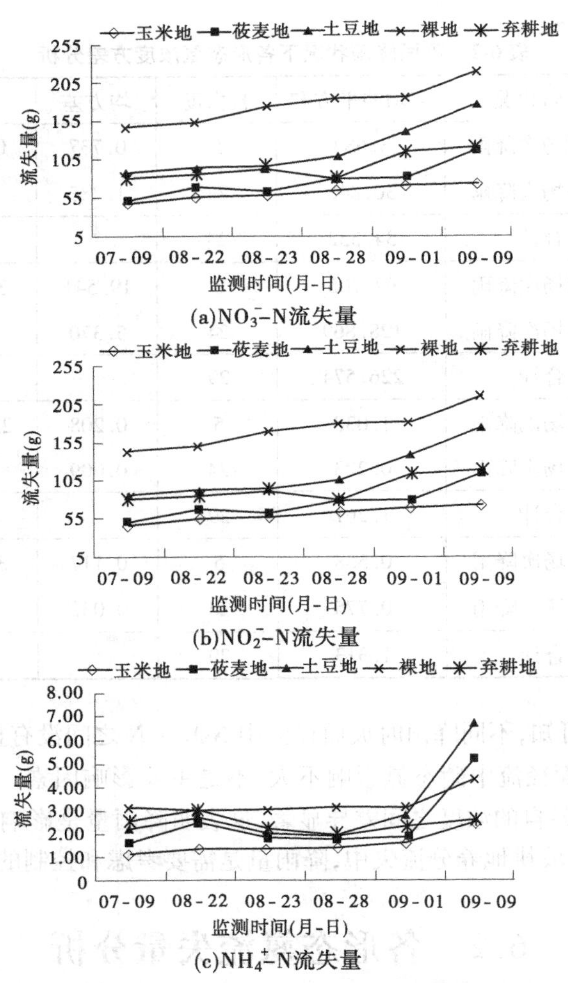

图6-2 监测时间内无机氮流失量

由图6-2(a)可知，监测时间内流失的 NO_3^- -N 之间存在一定的差异，而且呈现逐渐增加的趋势。玉米地硝态氮流失量在 21.51 ~ 29.53 g，均值为 26.19 g；莜麦地流失量在 22.12 ~ 43.00 g，均值为 29.69 g；土豆地流失量在 33.75 ~ 54.13 g，均值为 39.16 g；裸地流失量在 60.85 ~ 84.46 g，均值为 68.56 g；弃耕地流失量在 26.85 ~ 37.49 g，均值为 33.08 g。从均值来看，试验小区 10 m^2 范围内随径流流失的 NO_3^- − N 量为：裸地 > 土豆地 > 弃耕地 > 莜麦地 > 玉米地。

由图 6-2(b)可知，监测时间内流失的 NO_2^- − N 量呈现逐渐增加的趋势，而且不同地面植被条件之间存在一定差异。玉米地亚硝态氮流失量在 0.40 ~ 1.63 g，均值为 0.49 g；莜麦地流失量在 0.54 ~ 2.64 g，均值为 1.12 g；土豆地流失量在 0.96 ~ 4.17 g，均值为 1.94 g；裸地流失量在 1.65 ~ 5.41 g，均值为 3.08 g；弃耕地流失量在 0.58 ~ 2.48 g，均值为 1.37 g。从均值来看，试验小区 10 m^2 范围内随径流流失的 NO_2^- − N 量为：裸地 > 土豆地 > 弃耕地 > 莜麦地 > 玉米地。

由图 6-2(c)可知，监测时间内流失的 NH_4^+ − N 量表现为先增加，后减少，最后再增长的动态波动，而且不同植被条件间存在一定的差异。玉米地铵态氮流失量在 1.16 ~ 2.48 g，均值为 1.57 g；莜麦地流失量在 1.66 ~ 5.27 g，均值为 2.49 g；土豆地流失量在 1.95 ~ 6.72 g，均值为 3.07 g；裸地流失量在 3.04 ~ 4.37 g，均值为 3.32 g；弃耕地流失量在 1.86 ~ 3.06 g，均值为 2.44 g。从均值来看，试验小区 10 m^2 范围内随径流流失的 NH_4^+ − N 量为：裸地 > 土豆地 > 莜麦地 > 弃耕地 > 玉米地。

由以上分析可知，随径流流失的三种无机氮，流失量之间差异较大，从零点几克到几十克不等，而且大多表现为：裸地 > 土豆地 > 弃耕地 > 莜麦地 > 玉米地，可见作物或植被差异对氮素流失量具有一定的影响。

对不同植被条件之间无机氮流失量进行方差分析，结果见表 6-3。

由表 6-3 可知，不同植被条件下随径流流失的 NO_3^- − N 量和 NO_2^- − N 量之间具有显著差异，而 NH_4^+ − N 流失量之间没有显著差异。这表明，地面植被状况对 NO_3^- − N 和 NO_2^- − N 流失量有显著影响，而对 NO_2^- − N 流失量没有显著影响。

对不同时间降雨量下坡面无机氮流失量进行方差分析，结果见表 6-4。

表 6-3　不同植被状况下各形态无机氮流失量方差分析

氮形态	植被状况	离均差平方和	自由度	均方差	F 值	P 值
$NO_3^- - N$	不同植被条件	6 956.116	4	1 739.029	42.673	0.000
	同一植被条件	1 018.815	25	40.753		
	合计	7 974.931	29			
$NO_2^- - N$	不同植被条件	19.352	4	4.838	4.064	0.011
	同一植被条件	29.759	25	1.190		
	合计	49.111	29			
$NH_4^+ - N$	不同植被条件	11.035	4	2.759	2.336	0.083
	同一植被条件	29.523	25	1.181		
	合计	40.558	29			

表 6-4　不同降雨状况下各形态无机氮流失量方差分析

氮形态	降雨状况	离均差平方和	自由度	均方差	F 值	P 值
$NO_3^- - N$	不同场次降雨	734.463	5	146.893	0.487	0.783
	同一场次降雨	7 240.468	24	301.686		
	合计	7 974.931	29			
$NO_2^- - N$	不同场次降雨	25.004	5	5.001	4.979	0.003
	同一场次降雨	24.107	24	1.004		
	合计	49.111	29			
$NH_4^+ - N$	不同场次降雨	18.359	5	3.672	3.970	0.009
	同一场次降雨	22.199	24	0.925		
	合计	40.558	29			

由表 6-4 可知，不同降雨状况下随径流流失的 $NO_3^- - N$ 量之间没有显著差异，但 $NO_2^- - N$ 流失量之间、$NH_4^+ - N$ 流失量之间均存在显著差异。这表明不同场次侵蚀性降雨对 $NO_2^- - N$ 和 $NH_4^+ - N$ 流失量具有显著影响，是制约流失量的因素之一。

6.2.2　有机氮流失量分析

土壤中除去硝态氮、亚硝态氮和铵态氮外的无机氮所占比例极少，因此在本项目中对这部分无机氮不予计算，而将硝态氮、亚硝态氮和铵态氮的总量统称为无机氮，将总氮与无机氮的差值按照有机氮计算。依此计算，研究区坡耕地随径流流失的有机氮含量见图 6-3。

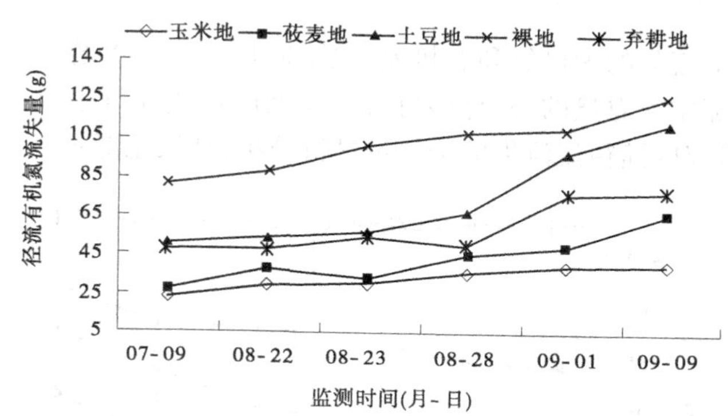

图 6-3　监测时间内有机氮流失量

由图 6-3 可知，随径流流失的有机氮大致为逐渐增长的趋势，而且不同地面植被条件之间差异较大。其中玉米地有机氮流失量在 23.55～39.67 g，均值为 32.98 g；莜麦地有机氮流失量在 26.92～65.28 g，均值为 42.89 g；土豆地有机氮流失量在 49.88～113.00 g，均值为 72.81 g；裸地有机氮流失量在 81.76～125.59 g，均值为 102.55 g；弃耕地有机氮流失量在 46.99～78.14 g，均值为 58.88 g。按照均值，有机氮流失量大小顺序为：裸地 > 土豆地 > 弃耕地 > 莜麦地 > 玉米地。

对不同地面植被条件下有机氮流失量进行方差分析，结果见表 6-5。

表 6-5　不同地面植被条件下有机氮流失量方差分析

植被条件	离均差平方和	自由度	均方差	F 值	P 值
不同植被条件	17 867.200	4	4 466.801	16.201	0.000
同一植被条件	6 892.857	25	275.714		
合计	24 760.057	29			

由表 6-5 可知，不同植被条件下随坡面径流流失的有机氮之间差异显著，

其中 F 值为 16.201，P 值为 0.000。这表明地面植被状况对坡面径流中有机氮的流失具有显著影响，是影响有机氮流失量的影响因子之一。

对不同场次侵蚀性降雨条件下有机氮流失量进行方差分析，分析结果为 F 值为 1.342，P 值为 0.281，结果表明不同场次的侵蚀性降雨量与随坡面径流流失的有机氮之间没有差异，即降雨量对有机氮流失没有显著影响。

6.2.3 全氮流失量分析

坡面径流流失的无机氮和有机氮，以不同形式流入下游河道湖库。全氮作为衡量径流中氮总量的一个重要指标，在湖库水质评价中也是重要参考指标，因此对研究区随径流流失的全氮量进行分析，结果见图 6-4。

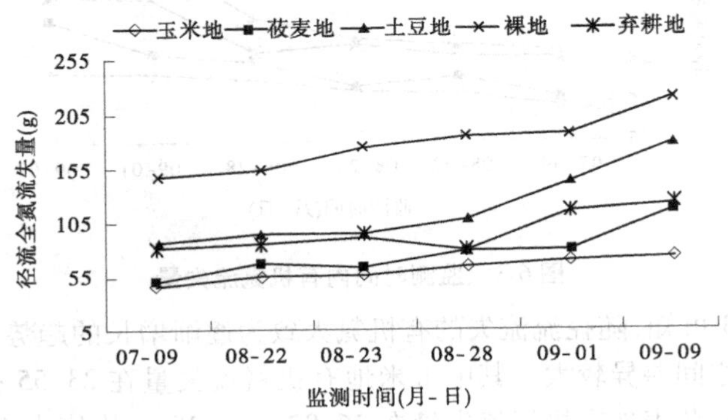

图 6-4 监测时间内全氮流失量

由图 6-4 可知，随径流流失的全氮为逐渐增长的趋势，而且不同地面植被条件之间差异较大。其中玉米地全氮流失量在 46.69 ~ 73.54 g，均值为 61.54 g；莜麦地全氮流失量在 51.23 ~ 116.18 g，均值为 76.18 g；土豆地全氮流失量在 86.83 ~ 178.02 g，均值为 116.98 g；裸地全氮流失量在 147.39 ~ 219.83 g，均值为 177.51 g；弃耕地全氮流失量在 79.39 ~ 120.72 g，均值为 95.77 g。按照均值，全氮流失量大小顺序为：裸地 > 土豆地 > 弃耕地 > 莜麦地 > 玉米地。

对不同地表植被条件下全氮流失量进行方差分析，结果见表 6-6。

由表 6-6 可知，不同地面植被条件下，随坡面径流流失的全氮之间差异显著，其中 F 值为 21.461，P 值为 0.000。这表明地面植被状况对坡面径流中全氮的流失具有显著影响，是影响有机氮流失量的因子之一。

表 6-6　不同地面植被条件下全氮流失量方差分析

植被条件	离均差平方和	自由度	均方差	F 值	P 值
不同植被条件	49 225.13	4	12 306.284	21.461	0.000
同一植被条件	14 335.54	25	573.422		
合计	63 560.67	29			

对不同场次侵蚀性降雨量下全氮流失量进行方差分析，分析结果为 F 值为 1.051，P 值为 0.411，结果表明不同场次侵蚀性降雨量与坡面随径流流失的全氮之间没有差异，即降雨量对有机氮流失没有显著影响。

6.3　不同形态氮比例分析

氮的流失量是评价土壤养分流失的一个因素，它具有直观、明了、确切的意义。然而，单从流失量来分析还无法了解流失量各组分的比例、各组分的重要性等相关指标，因此对研究区氮的流失在流失量的基础上从流失比例的角度进行分析，可以了解各形态氮所占的比例、各形态氮在流失量中的重要性等。对所流失的各形态氮占全氮的比例进行比重分析，具有深刻的现实必要性。

6.3.1　无机氮占全氮比例

对研究区随坡面径流所流失的无机氮占全氮的比例进行分析，结果见图 6-5。

由图 6-5(a)可知，监测时间内流失的 NO_3^- –N 占 TN 的比例呈逐渐下降的趋势。其中玉米地流失量占 TN 的比例在 40.28% ~46.07%，均值为 42.86%；莜麦地所占比例在 33.79% ~43.77%，均值为 39.56%；土豆地所占比例在 26.82% ~38.87%，均值为 34.52%；裸地所占比例在 36.49% ~41.29%，均值为 38.75%；弃耕地所占比例在 29.70% ~39.48%，均值为 35.04%。从均值来看，试验小区 10 m^2 范围内随径流流失的 NO_3^- –N 量占 TN 流失量的比例大小为：玉米地 > 莜麦地 > 裸地 > 弃耕地 > 土豆地。

由图 6-5(b)可知，监测时间内流失的 NO_2^- –N 占 TN 的比例呈先上升后下降再上升的波动。其中玉米地流失量占 TN 的比例在 0.72% ~2.22%，均

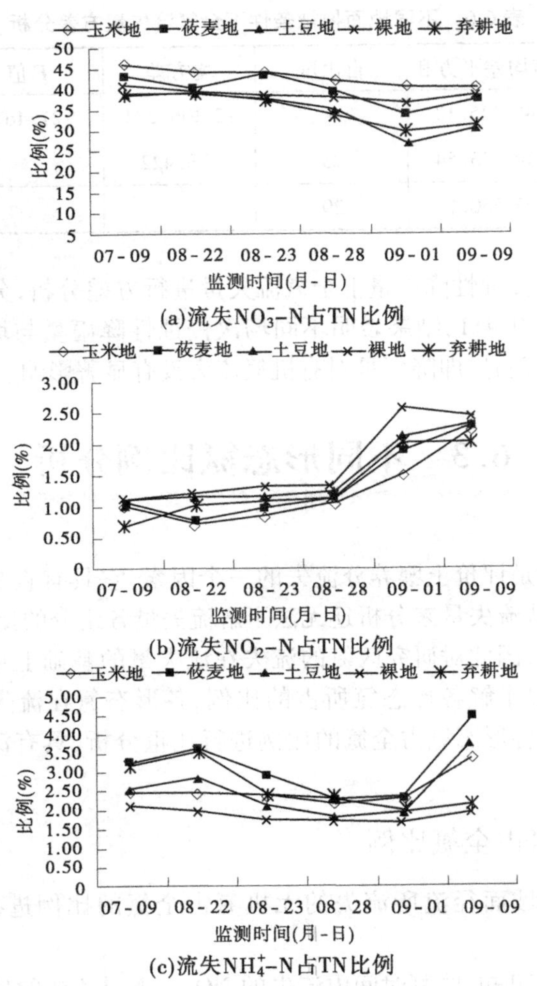

图 6-5　监测时间内无机氮占全氮比例

值为 1.23%；莜麦地所占比例在 0.79% ~2.27%，均值为 1.34%；土豆地所占比例在 1.10% ~2.34%，均值为 1.52%；裸地所占比例在 1.12% ~2.59%，均值为 1.67%；弃耕地所占比例在 0.71% ~2.05%，均值为 1.35%。从均值来看，试验小区 10 m^2范围内随径流流失的 NO_2^- - N 量占 TN 流失量的比例大小为：裸地 > 土豆地 > 弃耕地 > 莜麦地 > 玉米地。

由图 6-5(c)可知，监测时间内流失的 NH_4^+ - N 占 TN 的比例呈逐渐下降的趋势。其中玉米地流失量占 TN 的比例在 2.17% ~3.38%，均值为 2.53%；

莜麦地所占比例在 2.28% ~4.53%，均值为 3.17%；土豆地所占比例在 1.82% ~3.78%，均值为 2.53%；裸地所占比例在 1.69% ~2.12%，均值为 1.88%；弃耕地所占比例在 2.02% ~3.59%，均值为 2.61%。从均值来看，试验小区 10 m^2范围内随径流流失的 $NH_4^+ - N$ 量占 TN 流失量的比例大小为：莜麦地 > 弃耕地 > 玉米地、土豆地 > 裸地。

由以上分析可知，随径流流失的三种无机氮流失量所占全氮流失量的比例之间差异较大，从百分之零点几到百分之四十几不等，而且不同形态之间不具有相似的大小关系。

对不同植被之间无机氮流失量占全氮流失量的比例进行方差分析，结果见表 6-7。

表 6-7　不同植被条件下各形态无机氮流失量占全氮流失量比例方差分析

氮形态	植被条件	离均差平方和	自由度	均方差	*F* 值	*P* 值
$NO_3^- - N$	不同植被条件	284.769	4	71.192	5.649	0.002
	同一植被条件	315.078	25	12.603		
	合计	599.847	29			
$NO_2^- - N$	不同植被条件	0.722	4	0.181	0.526	0.718
	同一植被条件	8.589	25	0.344		
	合计	9.311	29			
$NH_4^+ - N$	不同植被条件	5.025	4	1.256	3.401	0.024
	同一植被条件	9.235	25	0.369		
	合计	14.260	29			

由表 6-7 可知，不同植被条件下流失的 $NO_3^- - N$ 量占 TN 量比例和 $NH_4^+ - N$量占 TN 量比例之间都具有显著差异，而 $NO_2^- - N$ 所占比例之间没有显著差异。

对不同场次侵蚀性降雨量下坡面无机氮流失量占全氮流失量比例进行方差分析，结果见表 6-8。

由表 6-8 可知，不同场次侵蚀性降雨时随径流流失的 $NH_4^+ - N$ 含量所占 TN 比例、$NO_2^- - N$ 流失量所占比例和 $NH_4^+ - N$ 流失量所占比例均差异显著。其中 $NO_3^- - N$ 所占比例方差分析中 *F* 值为 3.525，*P* 值为 0.016；$NO_2^- - N$ 方差分析中 *F* 值为 33.519，*P* 值为 0.000；$NH_4^+ - N$ 方差分析中 *F* 值为 2.787，*P*

值为0.004。

表6-8　不同降雨状况下各形态无机氮流失量占全氮流失量比例方差分析

氮形态	降雨状况	离均差平方和	自由度	均方差	F值	P值
$NO_3^- - N$	不同场次降雨	253.988	5	50.798	3.525	0.016
	同一场次降雨	345.859	24	14.411		
	合计	599.847	29			
$NO_2^- - N$	不同场次降雨	8.145	5	1.629	33.519	0.000
	同一场次降雨	1.166	24	0.049		
	合计	9.311	29			
$NH_4^+ - N$	不同场次降雨	5.238	5	1.048	2.787	0.004
	同一场次降雨	9.021	24	0.376		
	合计	14.259	29			

6.3.2　有机氮占全氮比例

对研究区随坡面径流流失的全氮中有机氮所占比例进行分析，结果见表6-9。

表6-9　监测时间内有机氮占全氮比例　(%)

监测时间（月-日）	玉米地	莜麦地	土豆地	裸地	弃耕地
07-09	50.45	52.54	57.44	55.47	57.72
08-22	52.60	55.40	57.09	57.10	55.89
08-23	52.90	52.32	59.43	58.38	58.73
08-28	54.67	57.14	62.05	58.87	62.71
09-01	55.53	61.98	69.09	59.23	66.24
09-09	54.11	56.18	63.47	57.13	64.73

由表6-9可知，研究区所流失的全氮中，不同地面植被条件下有机氮所占比例之间存在差异，但差异较小。玉米地有机氮流失量占全氮流失量比例在50.45%～55.53%，均值为53.38%；莜麦地所占比例在52.32%～61.98%，

均值为55.93%；土豆地所占比例在57.09%～69.09%，均值为61.43%；裸地所占比例在55.47%～59.23%，均值为57.70%；弃耕地所占比例在55.89%～66.24%，均值为61.01%。所占比例均值大小顺序为：土豆地>弃耕地>裸地>莜麦地>玉米地。

对不同植被状况下有机氮流失量占全氮流失量的比例进行方差分析，结果见表6-10。

表6-10　不同植被条件下有机氮流失量占全氮流失量比例方差分析

降雨状况	离均差平方和	自由度	均方差	*F* 值	*P* 值
不同植被条件	278.995	5	69.749	6.287	0.001
同一植被条件	277.346	24	11.094		
合计	556.341	29			

由表6-10可知，不同植被条件下流失的有机氮占TN流失量比例之间均具有显著差异，其中 *F* 值为6.287，*P* 值为0.001。

对不同场次侵蚀性降雨量下坡面有机氮流失量占全氮流失量比例进行方差分析，结果见表6-11。

表6-11　不同降雨状况下有机氮流失量占全氮流失量比例方差分析

降雨状况	离均差平方和	自由度	均方差	*F* 值	*P* 值
不同场次降雨	204.956	5	40.991	2.800	0.040
同一场次降雨	3 51.385	24	14.641		
合计	556.341	29			

由表6-11可知，不同场次降雨时流失有机氮含量占TN流失量的比例之间均显著差异，其中 *F* 值为2.800，*P* 值为0.040。

6.4　本章小结

本章主要对坡耕地不同植被条件下氮素流失形态、流失量和各形态比例等几个方面进行了研究。结果表明，监测时间内 NO_3^- －N 浓度均值大小为：裸地>玉米地>莜麦地>土豆地>弃耕地，其值分别为玉米地11.83 mg/mL、莜麦地11.32 mg/mL、土豆地10.59 mg/mL、弃耕地9.92 mg/mL、裸地12.59

mg/mL。TN 浓度表现为：裸地 > 土豆地 > 弃耕地 > 莜麦地 > 玉米地，均值分别为玉米地 27.67 mg/mL、莜麦地 28.81 mg/mL、土豆地 31.05 mg/mL、裸地 32.51 mg/mL、弃耕地 29.92 mg/mL。NO_2^- – N 浓度表现为：裸地 > 土豆地 > 莜麦地 > 弃耕地 > 玉米地，均值分别为玉米地 0.35 mg/mL、莜麦地 0.40 mg/mL、土豆地 0.49 mg/mL、裸地 0.55 mg/mL、弃耕地 0.39 mg/mL。NH_4^+ – N 浓度大小顺序为：莜麦地 > 土豆地 > 弃耕地 > 玉米地 > 裸地，均值分别为玉米地 0.70 mg/mL、莜麦地 0.92 mg/mL、土豆地 0.79 mg/mL、裸地 0.61 mg/mL、弃耕地 0.74 mg/mL。不同地面植被状况下径流中 NO_3^- – N 和 TN 浓度具有显著差异，而 NO_2^- – N 和 NO_4^+ – N 的浓度差异不显著。

试验小区 10 m^2范围内随径流流失的 NO_3^- – N 量为：裸地 > 土豆地 > 弃耕地 > 莜麦地 > 玉米地，均值分别为 68.56 g、39.16 g、33.08 g、29.69 g、26.19 g。NO_2^- – N 流失量为：裸地 > 土豆地 > 弃耕地 > 莜麦地 > 玉米地，均值分别为 3.08 g、1.94 g、1.37 g、1.12 g、0.49 g。NH_4^+ – N 流失量为：裸地 > 土豆地 > 莜麦地 > 弃耕地 > 玉米地，均值分别为 3.32g、3.07 g、2.49 g、2.44 g、1.57 g。

有机氮流失量大小顺序为：裸地 > 土豆地 > 弃耕地 > 莜麦地 > 玉米地，均值分别为 102.55 g、72.81 g、58.88 g、42.89 g、32.98 g。全氮流失量大小顺序为：裸地 > 土豆地 > 弃耕地 > 莜麦地 > 玉米地，均值分别为 177.51 g、116.98 g、95.77 g、76.18 g、61.54 g。

NO_3^- – N 流失量占 TN 流失量的比例为：玉米地 > 莜麦地 > 裸地 > 弃耕地 > 土豆地，均值分别为 42.86%、39.56%、38.75%、35.04%、34.52%。NO_2^- – N 流失量占 TN 流失量的比例为：裸地 > 土豆地 > 弃耕地 > 莜麦地 > 玉米地，均值分别为 1.67%、1.52%、1.35%、1.34%、1.23%。NH_4^+ – N 流失量占 TN 流失量比例为：莜麦地 > 弃耕地 > 玉米地 > 土豆地 > 裸地，均值分别为 3.17%、2.61%、2.53%、2.53%、1.88%。流失有机氮所占比例为：土豆地 > 弃耕地 > 裸地 > 莜麦地 > 玉米地，均值分别为 61.43%、61.01%、57.70%、55.93%、53.38%。

第7章

坡耕地泥沙和氮素流失的环境危害

水土流失过程中,泥沙和养分的流失会对下游河道、湖库、水体等造成较大的危害。泥沙的大量流失会导致河道淤积、湖库库容减小,影响河道行洪和湖库滞洪与排洪能力,并进一步引起和加剧自然地质灾害的发生。养分的大量流失并进入下游河流和湖库会增加水体的养分含量,加剧水体富营养化的发生,从而降低水质,影响人们的正常生活和身体健康,并进一步引发社会矛盾。河流和湖库作为水生态循环中的重要组成部分,其健康良好的运行和发展是关乎水循环能否正常运转的关键部分,是关乎生态文明建设的大事。水作为生命之源,对人民生产生活和社会经济发展的重要性不言而喻。因此,保护河道畅通、湖库良好运转、水体水质安全是关乎国计民生的大事。

7.1　泥沙流失量估算和危害分析

坡耕地土壤通常通过降雨形成的径流对土壤颗粒发生运移,在径流的冲刷下进入河道,并在水流动能降低的时候沉降于河道和湖库底部,形成淤积。通过对研究区进行定点动态监测,计算坡耕地的泥沙流失量,估算较大范围内的泥沙流失量并对其所形成的环境危害进行分析,是了解坡耕地泥沙流失危害的一种有效方法。

2014 年 7 月 9 日至 9 月 9 日 2 个月内不同地面植被条件下坡耕地每公顷泥沙流失量见图 7-1。

由图 7-1 可知,在 7 ~ 9 月降雨集中的 2 个月里,6 次侵蚀性降雨每公顷坡耕地不同植被状况下泥沙流失量之间差异较大。其中坡耕地种植玉米后 3 个月内每公顷流失泥沙 1 960. 88 kg,莜麦地流失 5 728. 78 kg,土豆地流失 6 840. 58 kg,裸地流失 7 885. 34 kg,弃耕地流失 3 412. 65 kg。大小顺序为:裸地 > 土豆地 > 莜麦地 > 弃耕地 > 玉米地。

通过泥沙流失量计算可知,坡度在 10°左右的坡耕地在 7 ~ 9 月降雨集中的季节,其土壤侵蚀模数在 190 ~ 800 t/(km^2 · a),小于黄土高原地区的允许土壤流失量 1 000 t/km^2。由于试验在 7 ~ 9 月进行,尽管这段时间占黄土高原地区降雨量的 65% 以上,但这段时间地面作物生长属于最茂盛阶段,作物已基本完成营养生长,进入繁殖生长阶段,植被覆盖度已接近最大值。因此,尽管降雨量大且集中,但土壤流失量相对较少。在春秋季节,降雨量尽管少,但由于地表裸露较多,植被覆盖度较低,土壤侵蚀量相对较大。

由以上分析可知,不同地面植被条件下每公顷坡耕地在 7 ~ 9 月降雨季节

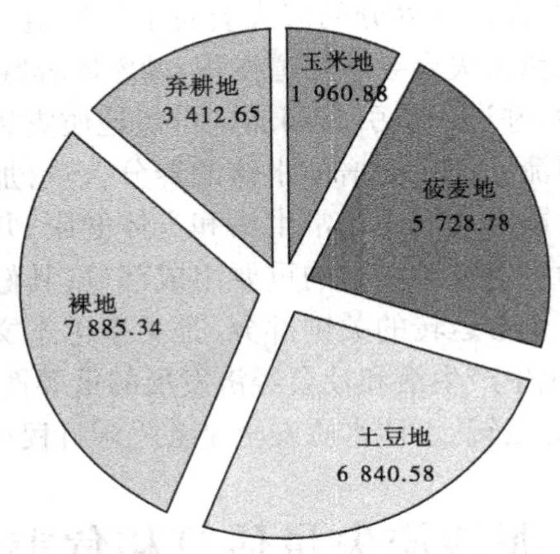

图 7-1　不同地面植被条件下泥沙流失量　（单位：kg/hm^2）

流失泥沙量在 1.9～7.9 t。娑婆小流域共有坡耕地 156.92 hm^2。若全部种植玉米，则泥沙流失量约为 307 t；种植莜麦流失量约为 898 t；种植土豆流失量约为 1 073 t；全部裸露则流失量达到 1 237 t；弃耕一年后流失量约为 535 t。

娑婆小流域每年数百到一千多吨的泥沙从坡面流失，对土地的持续发展与利用造成了较大的影响和破坏。坡耕地土壤的流失降低了土地生产力，而农业工作者为了提高粮食产量，一方面引进新品种增加作物品种的抵抗能力，另一方面大量施用肥料，来达到保证粮食产量的目标。新品种的引进，对原有传统优良品种和基因库的保存形成了挑战，同时也对农业生态系统的稳定发展造成了胁迫。肥料的大量施用，使得大部分肥料滞留在土壤中，并随着径流和泥沙的流失输送到下游，对河流和湖库等水生态系统造成胁迫。

坡耕地大量泥沙的流失对下游沟渠、河道和湖库的安全有效运行也形成了巨大威胁。每年数百到数千吨泥沙从坡面流失，在低洼处滞留，通过作物拦挡等会改变泥沙进入河道的方式和入河泥沙量。但这些从坡面流失的泥沙，通过逐步迁移最终大部分进入渠道和河流湖库。泥沙进入渠道会使农田灌溉系统的功能降低，有效利用时间缩短，并会对其余农田水利设施的正常使用造成破坏，威胁其安全运行。泥沙通过水力作用进入河道，按泥沙粒径沉积在河道的不同部位和河段，积累到一定程度会影响河道水体水质和河道行洪能力，对下游水利设施和人民生命财产造成威胁。泥沙进入湖库后会占据湖库库容，使得湖库有效库容减少，影响湖库滞洪能力。同时，泥沙进入河道和湖库会影响水体水质，降低水体清晰度，增加水体养分含量，并促使水华、蓝藻等的爆发，影响水质安全和景观格局。

7.2　氮素流失量估算和危害分析

通常土壤氮素迁移的途径为:①硝态氮的淋溶;②氮素特别是有机氮随径流在坡面下部沉积;③无机态氮和有机态氮随径流和泥沙流出坡面,一部分土壤氮素特别是有机态氮随泥沙在河道淤积,一部分随洪水流出河道或所在小流域。土壤氮素流失对环境的污染是一种非点源污染,对环境污染的途径有二:一是流失的土壤氮素特别是硝态氮对河流和地下水的污染;二是富集在水体和土壤中的氮素在反硝化过程中所产生的氮素化合物,危害人体健康和污染空气。在干旱地区,虽然短时降雨硝态氮的流失通常发生在土壤表层,不会影响到作物的正常生长,但长期的积累,底层土壤中的氮素会随着径流的入渗逐步下渗到地下水层,影响地下水水质。土壤侵蚀严重的地区,除硝态氮在土壤深层淋失外,土壤硝态氮的径流损失是土壤氮素流失的另一重要途径。

通过计算径流小区坡耕地随径流流失的氮素含量,并估算更大范围坡耕地上流失的氮素含量,可以对面源污染的危害进行估算和分析。

依据 2014 年 7 ~9 月期间对坡耕地不同植被条件下径流中氮素含量分析来计算每公顷坡耕地上流失的氮素含量。图 7-2 为 7 ~9 月每公顷坡耕地上流失的 TN 含量,图 7-3 为 7 ~9 月每公顷坡耕地上所流失的 NH_4^+ – N 和 NO_3^- – N 含量。

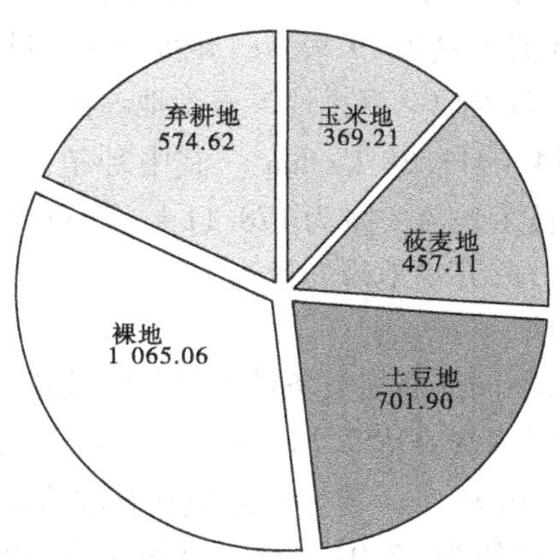

图 7-2　不同地面作物条件下 TN 流失量　(单位:kg/hm²)

由图 7-2 可知,在 7 ~9 月侵蚀性降雨集中的 3 个月里,每公顷坡耕地种植不同作物后 TN 流失量之间差异较大，在 369.21 ~ 1 065.06 kg/hm^2。其中坡耕地种植玉米后，3 个月每公顷 TN 流失量为 369.21 kg，莜麦地流失量为 457.11 kg，土豆地流失量为 701.90 kg，裸地流失量为 1 065.06 kg，弃耕地流失量为 574.62 kg。大小顺序为：裸地 > 土豆地 > 弃耕地 > 莜麦地 > 玉米地。

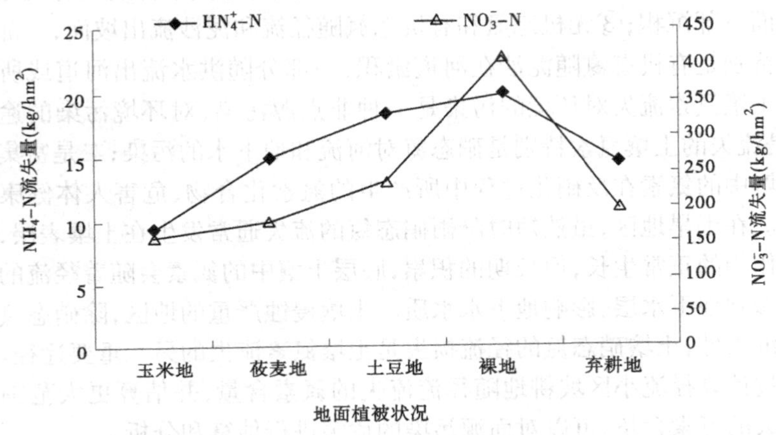

图 7-3 不同地面作物条件下 NH_4^+ – N 和 NO_3^- – N 流失量

由图 7-3 可知，在 7 ~ 9 月侵蚀性降雨集中的 3 个月里，坡耕地种植不同作物后 NH_4^+ – N 流失量之间差异较大，在 9.42 ~ 19.92 kg/hm^2。其中种植玉米后每公顷 NH_4^+ – N 流失量为 9.42 kg，莜麦地流失量为 14.95 kg，土豆地流失量为 18.44 kg，裸地流失量为 19.92 kg，弃耕地流失量为 14.65 kg。大小顺序为：裸地 > 土豆地 > 莜麦地 > 弃耕地 > 玉米地。同时，NO_3^- – N 流失量之间差异也较大，在 157.14 ~ 411.38 kg/hm^2。其中种植玉米后每公顷 NO_3^- – N 流失量为 157.14 kg，莜麦地流失量为 178.11 kg，土豆地流失量为 234.94 kg，裸地流失量为 411.38 kg，弃耕地流失量为 198.47 kg。大小顺序为：裸地 > 土豆地 > 弃耕地 > 莜麦地 > 玉米地。

由以上分析可知，不同地面植被条件下每公顷坡耕地在 7 ~ 9 月侵蚀性降雨集中的季节流失 NO_3^- – N 在 157.14 ~ 411.38 kg，TN 在 369.21 ~ 1 065.06 kg，NH_4^+ – N在 9.42 ~ 19.92 kg。娑婆小流域共有坡耕地 156.92 hm^2，若全部种植玉米，则 TN 流失量约为 57.94 t；全部种植莜麦，TN 流失量约为 71.723 t；全部种植土豆，TN 流失量约为 110.14 t；全部裸露，TN 流失量约为 167.13 t；全部弃耕一年后，则 TN 流失量约为 90.17 t。

娑婆小流域每年数十吨的氮从坡面流失，对土壤养分和土地生产力的保持和可持续发展形成了一定威胁。为了补充大量流失的养分，并保证粮食产量，每年将大量的肥料施加到农业用地中。大量肥料的施加，一方面补充了随径流和泥沙流失掉的养分，保证作物的正常生长；另一方面，由于大量肥料施加，而肥料利用率较低，大部分肥料滞留在土壤中，又导致了养分的进一步流失。

通过分析可知，随径流流失的硝态氮含量远大于铵态氮。从它们的性质来看，硝态氮极易溶于水，而且不易被胶体所吸附，而铵态氮易溶于水，同时属于阳离子，易被土壤中带阴离子的胶体所吸附，因此土壤中通过施肥、分解等形成的硝态氮比铵态氮更具有移动性，也更易流失。

降雨季节，坡耕地大量养分随径流和泥沙被搬运出坡面，部分在坡底以及下游低洼处集聚、渗透，并被作物等吸收和转化，但仍有大量养分最终进入下游河道和湖库，使得养分从农业生态系统进入水生态系统进行循环。养分进入河流湖库水体后，一方面在光照、有氧和厌氧等条件下进行一系列的转化。如：硝态氮进入水体并被人类饮用后，在人体中能够转化为亚硝酸盐，而亚硝酸盐能迅速地被吸收进入血液，并将血红蛋白的铁氧化为高铁状态，从而形成不能输送氧的高铁血红蛋白，造成组织缺氧，以致呼吸困难，甚至死亡。正常情况下人体中有1%～2%的血红蛋白是高铁血红蛋白，但当饮用富含硝酸盐的污染水时，其比例会急剧上升。同时，水环境中的硝酸盐和亚硝酸盐在各种含氮有机化合物（胺、酰胺、尿素、胍、氰胺）的作用下，会形成具有化学稳定性、致癌和致突变机制不同的N－亚硝基胺和亚硝基酰胺的各种N－亚硝基族化合物，这种化合物被人类或动物吸收后会在不同部位引起恶性肿瘤。另一方面，通过水生动植物和微生物的吸收和转运，转化为不同的物质进行物质循环。但当大量养分进入河流湖库水体，超过动植物吸收和转化的限度后，会导致一系列的水环境问题，如水体富营养化、蓝藻暴发、水华等。

水环境问题会导致水质的下降和水体的污染，影响水资源的可利用性，造成水资源的浪费，这对缺水的山西省来说是非常严重的问题。水环境问题在造成水资源可利用性降低的同时，也影响水产、水上旅游等项目的发展。此外，也会造成生态景观的破坏，影响景观格局，降低人们的生活舒适性和生活质量。

7.3 本章小结

本章对研究区在2014年7~9月降雨集中的2个月里,6场次侵蚀性降雨时不同地面植被状况下坡耕地流失泥沙和氮素的环境危害进行了计算和分析。结果表明,2个月内不同地面植被条件下每公顷坡耕地泥沙流失量大小顺序为:裸地>土豆地>莜麦地>弃耕地>玉米地,均值分别为7 885.34 kg、6 840.58 kg、5 728.78 kg、3 412.65 kg和1 960.88 kg。娑婆小流域156.92 hm^2的坡耕地在降雨集中的3个月内泥沙流失量在385~15 467 t。该小流域每年几百吨到一千多吨的泥沙从坡面流失,对土地生产力及土地的可持续发展造成了极大的破坏。坡耕地大量泥沙流失的同时也对下游渠道、河道和湖库的安全有效运行形成了巨大的威胁。

在7~9月降雨集中的2个月里,不同地面植被条件下每公顷坡耕地流失NO_3^--N量大小顺序为:裸地>土豆地>弃耕地>莜麦地>玉米地,均值分别为411.38 kg、234.94 kg、198.47 kg、178.11 kg、157.14 kg。娑婆小流域156.92 hm^2的坡耕地在2个月内氮流失量在57.94~167.13 t。该小流域每年数十吨的氮从坡面流失,一方面对物质资源造成了大量的浪费,另一方面对下游水体造成了巨大环境压力,会导致江河湖库水体质量下降,影响人们的正常生产和生活。

第8章

坡耕地水土流失和面源污染防治措施

坡耕地是水土流失发生的主要土地类型之一，而且由于不停地受到人为活动的影响，其水土流失发生发展的规律和其他土地具有一定的差异性。同时，坡耕地主要从事粮食生产，各种肥料根据作物生长的季节性不断地施加到土壤中，这导致从事作物种植的土地土壤肥料相对多于其他类型土地。施加的肥料较大部分随着地表径流转移，或随壤中流进入地下水。因此，从事作物种植的坡耕地既是水土流失的重点治理土地类型，同时也是农业面源污染发生的主要场地。所以，针对坡耕地的治理，既要达到保护水土资源、改良土壤的目的，又要达到削减肥料流失、减少环境危害的目标。

8.1　坡耕地整治工程

土地利用是人类活动作用于自然环境的主要途径之一（胡宁科、李新，2012），是土地利用者人和利用对象土地之间相互作用关系的表现，是土地覆被与全球环境变化的最直接和主要驱动因子（谢正峰，2012）。

土地整治和土地利用方式的调整是对低效利用、不合理利用、未利用等土地进行整理和调整，从而提高土地利用效率和土地生产力的一种方式。通过土地整治可以改善原有土地的地形地貌，使得土地更易耕作或者进行工农业生产活动。对已有土地进行利用方式的调整，既可以提高农业经济收入，又可以改善不合理土地利用方式对土壤状况造成的损坏，同时还可以缓解和降低土地不合理利用对生态环境造成的影响。

坡耕地是一种典型的“三跑田”，由于具有一定的坡度，坡面产流较快，层流与紊流均存在，不同流态的径流对地面造成冲刷，使得坡耕地都存在一定程度的水土流失，而且随着降雨季节和作物生长状况的不同而存在差异。因此，坡耕地整治是改变坡耕地地形，改变产汇流过程和形态的一种主要手段。通过改变地形地貌，改善产汇流过程和形态，达到增强土壤入渗、削减径流、减少水土和养分流失的目的。通过试验研究，在娑婆小流域可以通过坡地改水平梯田和建设地埂植物带的方式来达到削减径流、减少水土和养分流失的目标。

8.1.1　坡耕地改水平梯田

坡耕地改水平梯田是我国开发利用坡地、改变农业生产条件的一种传统方式，也是我国坡耕地治理的一项重要工程措施（胡建民等，2005；范玉芳等，2010）。实践证明，水平梯田不仅是减少坡耕地水土流失的一项有效措施，而且也是解决山区农民粮食问题的一项基本农田建设(周波、马涛,2011)。水平梯田可以变跑水、跑土、跑肥的“三跑田”为保水、保土、保肥的“三保田”。通过坡耕地改水平梯田,可以改善土壤的空隙状况,增加土壤含水量,增加和保护土壤养分含量,增加粮食产量,同时通过将坡耕地修建为水平梯田,可以改变土地的地形地貌条件,缓解地表径流,促进入渗功能,达到保水、保土、增收的效益(薛蓬等,2011;左长青,2003;黄昌勇,2010),是山丘区防治坡耕地水土流失的根本措施,是农业可持续发展的有力保障。水平梯田可有效促进经济和生态的发展,使农田、作物、土壤、小气候以至整个生态系统得到改善(焦菊英等,1999;吴发启等,2003)。

研究表明,坡耕地水土流失随坡度的增大、坡长的增长而增强(辛树帜、蒋德麟,1982)。当雨强大于土壤入渗率时,水流会在下坡位汇集,汇流动能较大,下坡位土壤易被水冲走,最后在土壤凹处淤积(陈桂波等,2001)。上坡位土壤在雨强较大时,土壤受雨滴溅蚀扰动,耕层土壤极易离散,顺水流方向向下移动,动能明显高于上溅土粒,因此土壤侵蚀严重。坡耕地修成梯田后,大大提高了耕地的蓄水保熵和土地生产力。研究表明,梯田是水土保持措施中拦蓄能力比较强的一项措施,梯田比坡耕地每公顷多拦蓄雨水径流 600 ~ 750 m^3,多拦蓄泥沙 45 ~ 75 t。拦蓄雨水径流和泥沙的同时也有效防止了养分的流失,坡耕地建成水平梯田后,每年能防止数以百吨计的土壤养分从土壤流失进入下游河流湖库。因此,坡耕地修建为水平梯田是保护土壤生产力、改善生态环境的有效措施。

在山区,尤其是坡耕地分布比较多的地方进行梯田建设,不仅可以改善当地的生态环境、提高农业生产条件、确保粮食安全生产,而且对当地农村的经济发展可以起到促进作用(邸利、岳淑芳,2003)。研究表明,坡耕地改造为水平梯田后,平均每公顷粮食增产量为 1 170 kg,按粮草比 1∶2计,增产秸秆 2 340 kg。

8.1.2 构建地埂植物带

目前,针对坡耕地治理的工程措施主要有梯田、地埂、改垄等,这几项措施的研究历史也较长,资料也相对丰富(回莉君、沈波,2004)。而地埂的修建由于价格相对低廉,而且工程量小,效益较好,在坡度较缓的坡耕地区域修建比较经济。通过在坡耕地上按照一定距离起土培埂,形成一定高度和宽度的土埂,从而起到截短坡长、拦截水势、调蓄径流、增加入渗、减少坡耕地表层土壤随径流流失的作用;当径流增大时,它可以有效拦截径流中挟带的泥沙,解决漫垄面蚀和断垄出沟的问题,防治坡耕地水土流失(赵梅等,2014)。

地埂植物带通常分为单埂植物带和双埂植物带两种。无论修建单埂植物带还是双埂植物带,通常考虑坡耕地的坡面长度、降雨量等因素。在北方地区由于降雨量相对较小,通常修建单埂植物带。单埂植物带是指在坡耕地上沿横向等距离培修土埂,在土埂上种植灌木或多年生草本植物;双埂植物带也叫复合植物带,即在单埂植物带的上方或下方再修筑一条土埂,在两条土埂之间修筑蓄水排水设施,它是截流沟(竹节壕)和地埂植物带的结合体,比单埂植物带有更强的调蓄径流、拦蓄泥沙能力(吕志学等,2015)。

地埂植物带不宜修建在坡度较陡的坡耕地上,坡度太陡,则产流较快,需要修建的地埂数量增多,地埂间距缩小,地块面积变小。而且坡度太陡对地埂修建的标准和结实度也提高了要求。缓坡地带修建地埂植物带一方面由于坡度较缓,产流时间相对较长,地面入渗率增加,径流量相对较小,地埂带间距增长,地块面积变大,这对坡耕地的进一步耕种和管理都相对方便;另一方面由于坡度变缓,径流流速降低,径流动能和势能均降低,对坡面的冲刷作用减小,对地埂带的要求也相应地降低,减少了修建成本。

在修建地埂植物带时,要考虑和计算降雨量、产汇流面积、坡耕地坡度、径流模数、土壤侵蚀模数、土壤侵蚀临界流速等多项因子来综合决定地埂带的泥沙容积量和地埂带有效间距等重要参数。

复合地埂植物带集工程措施和生物措施于一体,就工程措施而言,两道埂及其之间的蓄水排水工程是一个统一的有机整体,与单埂植物带相比,具有更强的拦蓄水势、调蓄径流、拦蓄泥沙、控制泥沙和将养分输移到下游的能力(周敦强,2006;孟平、张劲松,2011);就生物措施而言,它增加了林草覆盖率,改善了坡面小气候环境。复合植物带一般修筑在降雨量丰富(>600 mm)、坡耕地面积较大、坡度较大的地方,这些区域、坡面通常易发生产流,土层较薄,不适宜修筑水平梯田。

地埂植物带在植物的选择上,通常选择根系发达、耐干旱、生长旺盛的草本植物或者小灌木,也可以是具有经济和食用价值的中草药等多年生植物,如黄花菜、草莓、紫穗槐、桔梗、党参、黄芪等。

地埂修建好后,随着植物带拦截泥沙量的增加,土埂内侧和原坡面之间的夹角会逐渐形成坡式梯田,多年后可发展成为水平梯田(孟令钦、王念忠,2012)。研究表明,地埂植物带的保土率为 87.7% ,低于水平梯田的 99.14% ,高于顺垄的 58.72% (周江红,2007;韩富伟等,2007;张玉斌等,2009)。研究表明,复合地埂措施实施后保水率可达到 96.14% ,可使治理前的中度、重度水土流失达到治理后的轻度和微度，而粮食产量也比治理前提高了12.38%（毛欣然等，2002；陈英皙，2012）。前人的研究结果充分说明，植物地埂的实施可以有效控制坡耕地的水土流失，将低产和跑水、跑肥、跑土的“三跑田”变为保水、保肥、保土的高产稳产田。

8.2 坡耕地作物缓冲带措施

由第4~6章可知，种植不同作物后，坡耕地的径流量、泥沙流失量和养分流失量均存在显著差异，因此调整作物种植种类和方式可以达到减小径流量、泥沙和养分流失量的目的。

调查表明，为了便于耕种和管理，娑婆小流域在农业作物种植中仍然采取单一作物种植的方式，而没有采用套种、混播以及植物缓冲带等能保水、保土、保肥的复合种植方式。关于套种、轮作以及伏耕、免耕等方法在水土保持中的作用已经经过多年的应用，而且也取得了一定的成效。套种法在作物管理中会存在一些不便，尤其是在坡耕地中。调查表明，在实际应用中这种方法在平缓耕地中应用较广。而伏耕法较常规耕作法有一定优势（王春裕、王汝镛，1999；金轲等，2006），但由于受到种植作物种类，以及施底肥困难等情况限制，在现实生活中应用也不是很普遍，尤其在黄土高原地区坡耕地这种低产田，这种方法基本没有得到大范围大面积使用。因此，本研究将针对植被缓冲带和湖库坡面面源污染治理的河岸缓冲带思路引入坡耕地的治理中，提出了“作物缓冲带”的概念，并对这种方法在坡耕地面源污染治理的效果进行了监测和试验。

8.2.1 耕地作物缓冲带的构建

通过第4~6章研究内容可知，种植不同作物后，坡面径流量、泥沙流失量和养分流失量均存在差异。因此，可以在同一坡耕地上以带状方式种植不同作物来达到延迟径流产流时间、产流量，以达到削减泥沙和养分流失的目的。

2015年，在研究区对野外径流小区种植作物缓冲带的形式进行了试验研究。作物缓冲带是基于植被缓冲带（Vegetative Buffer Strips，VBS）（Phillips，1989）的原理，在坡耕地上按照一定宽度以带状形式种植不同作物，起到延缓径流形成、减少泥沙和养分流失的一种农业种植方式。

目前，对植被缓冲带在河湖滨海沿岸以及坡耕地等区域对径流、泥沙、养分的过滤、拦截与滞留作用及效果已进行了系统的研究和应用(李怀恩等,2006;Marc Duchemin、Richard Hogue,2009;李世锋,2003;黄沈发等,2008;吴建强等,2008;Maurizio Borin et al,2010;Maurizio Borin、Elisa Bigon, 2002;王华玲等,2010)。因此,从植被缓冲带的理念和思想出发,利用作物间生长季节和枝叶形状、植株高低、叶面大小等的差异性对雨滴削能、缓冲和滞留作用的不同,以及根系对土壤有效保护范围和抗蚀性间的差异,以一定宽度在坡耕地上以带状形式进行作物多样化种植和管护,并最终发挥类似植被缓冲带的功效。

本项目在研究区径流小区布置了两种作物缓冲带试验小区和三种作物对照小区。两种作物缓冲带试验小区:其一,低秆作物土豆为主要种植作物,高秆密植作物莜麦为作物缓冲带;其二,低秆作物土豆为主要种植作物,高秆作物玉米为作物缓冲带。作物缓冲带试验小区按照主要种植作物宽 4 m,共 8 m^2在小区上部,缓冲作物宽 1 m,共 2 m^2在小区下部的形式布置。对照小区分别种植土豆、玉米和莜麦三种植物。

8.2.2　坡耕地作物缓冲带对径流的影响

2015 年 7 ~9 月 3 个月内,共有侵蚀性降雨 9 次,单次降雨量在 29.45 ~ 49.25 mm,累计有效降雨量为 286.58 mm。9 次侵蚀性降雨不同地面植被条件下径流量见图 8-1。

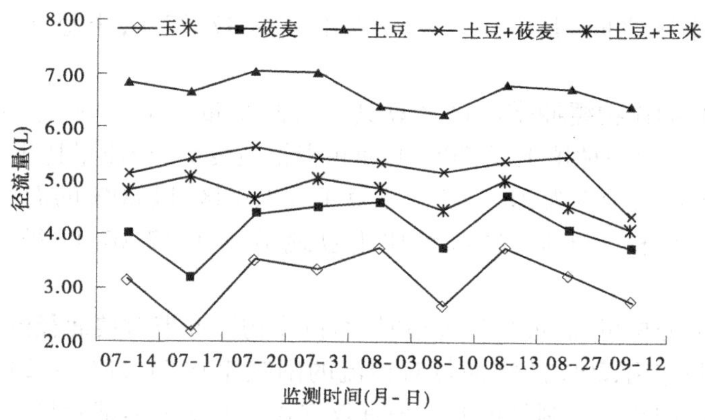

图 8-1　不同地面植被条件下径流量

由图 8-1 可知,侵蚀性降雨单次降雨量,对照小区,土豆地坡面径流量最高,在 6.25 ~7.06 L,均值为 6.70 L;玉米地坡面径流量最低,在 2.19 ~3.78

L,均值为 3. 16 L;莜麦地坡面径流量居中,在 3. 17 ~4. 76 L,均值为 4. 12 L。而布置作物缓冲带的两个试验小区,径流量居于它们中间。其中土豆 + 莜麦小区的径流量在 4. 35 ~5. 62 L,均值为 5. 25 L,表现为径流量略高于莜麦地,但大大低于土豆地。土豆 + 玉米小区的径流量在 4. 09 ~5. 08 L,均值为 4. 73 L,表现为径流量高于玉米地,但低于土豆地。

2015 年 7 ~9 月 3 个月内径流小区累计径流量见图 8-2。

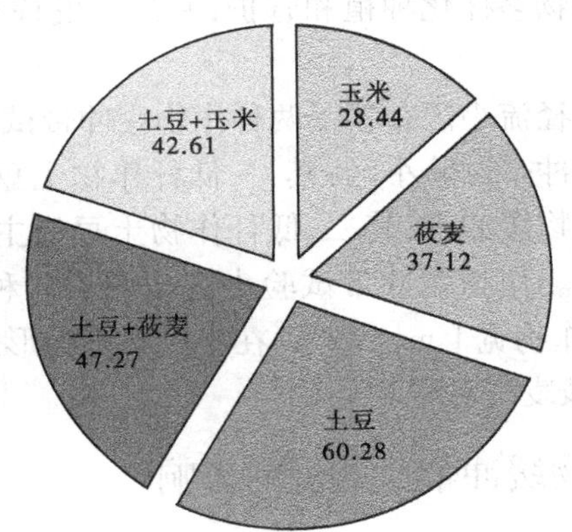

图 8-2　不同地面植被条件下累计径流量　(单位:L)

由图 8-2 可知,累计径流量大小为,对照小区,土豆小区最高,为 60. 28 L,玉米小区最低,为 28. 44 L,莜麦小区居中,为 37. 12 L。试验小区介于土豆小区和莜麦小区之间,其中土豆 + 莜麦小区为 47. 27 L,土豆 + 玉米小区为 42. 61 L。

对试验的作物缓冲带小区计算其径流减少量和削减率。土豆 + 莜麦小区,以 80% 的面积种植土豆、20% 的面积密植莜麦后,径流量比土豆地减少了 13. 01 L,径流减少率为 21. 58% 。土豆 + 玉米小区,以 80% 的面积种植土豆、20% 的面积种植玉米后,径流量比土豆地减少了 17. 67 L,径流减少率为 29. 32% 。

由以上分析可知,坡耕地种植时,布设作物缓冲带对坡面径流具有一定的削减和控制作用,20% 的缓冲带对径流的削减率在 21. 58% ~29. 32% ,可以作为坡耕地调节和控制径流的一种有效方式。但基于本试验只对玉米和莜麦两种作物缓冲带对土豆地坡面径流的调节和削减作用进行了研究,而且只在面积比为 4∶1(主要种植作物面积∶缓冲带作物面积)的条件下进行,因此为了系统了解坡面作物缓冲带对径流的调节作用,还需要进行更加深入和广泛的研究。

8.2.3　坡耕地作物缓冲带对泥沙流失的影响

2015年7～9月3个月内,9次侵蚀性降雨随径流流失的泥沙量见图8-3。

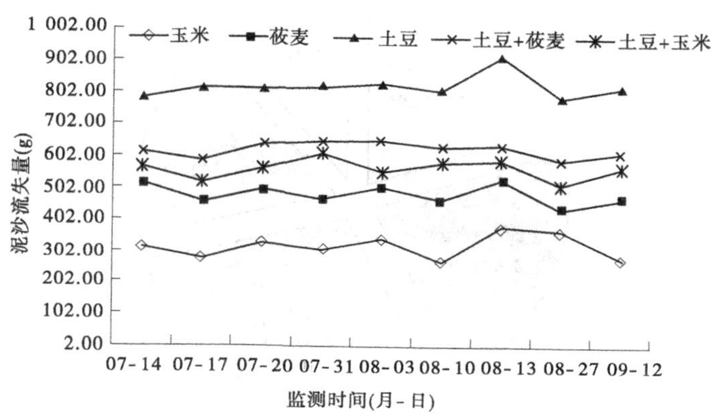

图8-3　不同地面植被条件下泥沙流失量

由图8-3可知,单次侵蚀性降雨泥沙流失量,对照小区,土豆地坡面泥沙流失量最高,在782.15～918.25 g,均值为820.88 g;玉米地坡面泥沙流失量最低,在265.18～378.65 g,均值为316.25 g;莜麦地坡面泥沙流失量居中,在436.23～529.18 g,均值为482.49 g。而布置作物缓冲带的两个试验小区,泥沙流失量居于它们中间。其中土豆+莜麦小区的泥沙流失量在587.28～652.15 g,均值为622.43 g,高于莜麦地,但低于土豆地。土豆+玉米小区的泥沙流失量在511.24～608.28 g,均值为561.00 g,表现为高于玉米地,但低于土豆地。

2015年7～9月3个月内研究区径流小区累计泥沙流失量见图8-4。

由图8-4可知,累计泥沙流失量大小表现为,对照小区:土豆小区最高,为7 387.92 g,玉米小区最低,为2 846.28 g,莜麦小区居中,为4 342.37 g。试验小区介于土豆小区和莜麦小区之间,其中土豆+莜麦小区为5 601.86 g,土豆+玉米小区为5 048.96 g。将监测期间的土壤侵蚀量换算为土壤侵蚀模数后,对照小区分别为738.79 、284.63、434.24 t/(km^2·a),试验小区分别为560.19、504.90 t/(km^2·a)。

对试验的作物缓冲带小区计算其泥沙减少量和削减率。土豆+莜麦小区以80%的面积种植土豆、20%的面积密植莜麦后,泥沙流失量比土豆地减少了1 786.06 g,泥沙减少率为24.18%,土豆+玉米小区以80%的面积种植土豆、20%的面积种植玉米后,泥沙流失量比土豆地减少了2 338.96 g,泥沙减少率为31.66%。

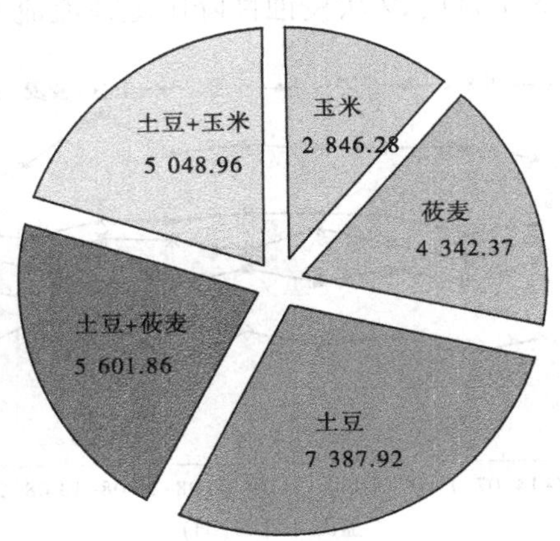

图8-4　不同地面植被条件下累计泥沙流失量　(单位:g)

由以上分析可知,坡耕地种植时,布设作物缓冲带对坡面泥沙流失量具有一定的控制和拦蓄作用,不同配置的作物缓冲带在降雨集中的7~9月能将土壤侵蚀模数降低178.60~233.89 t/(km^2·a),可以作为坡耕地拦蓄TN流失量的一种有效方式。但由于本研究只在雨季进行,而且作物种类和作物缓冲带相对简单,因此为了系统了解坡面作物缓冲带对泥沙流失量的拦蓄作用,还需要进行更加深入和广泛的研究。

8.2.4　坡耕地作物缓冲带对氮流失的影响

2015年7~9月3个月内,9次侵蚀性降雨随径流流失的TN量见图8-5。

由图8-5可知,单次侵蚀性降雨坡耕地TN流失量,对照小区,土豆地坡面TN流失量最高,在214.88~255.07 g,均值为232.62 g;玉米地坡面TN流失量最低,在50.90~89.51 g,均值为75.59 g;莜麦地坡面TN流失量居中,在91.21~129.36 g,均值为109.13 g。布置作物缓冲带的两个试验小区,TN流失量居于它们中间,其中土豆+莜麦小区的径流量在139.50~194.10 g,均值为173.60 g,表现为TN流失量高于莜麦地,但低于土豆地。土豆+玉米小区的TN流失量在110.43~142.89 g,均值为131.72 g,表现为TN流失量高于玉米地,但低于土豆地。

2015年7~9月3个月内研究区径流小区累计TN流失量见图8-6。

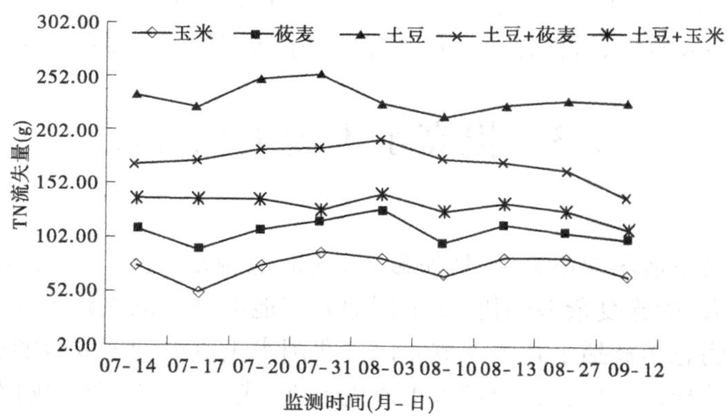

图 8-5　不同地面植被条件下 TN 流失量

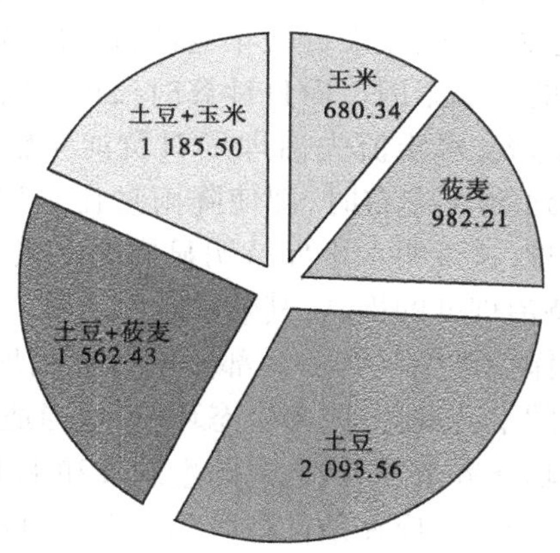

图 8-6　不同地面植被条件下累计 TN 流失量　(单位:g)

由图 8-6 可知,TN 流失量大小表现为,对照小区:土豆小区最高,为 2 093.56 g,玉米小区最低,为 680.34 g,莜麦小区居中,为 982.21 g。试验小区介于土豆小区和莜麦小区,其中土豆+莜麦小区为 1 562.43 g,土豆+玉米小区为 1 185.50 g。

对试验的作物缓冲带小区计算其 TN 减少量和削减率。土豆+莜麦小区,以 80% 的面积种植土豆、20% 的面积密植莜麦后,TN 流失量比土豆地减少了 531.13 g,TN 减少率为 25.37%。土豆+玉米小区,以 80% 的面积种植土豆、20% 的面积种植玉米后,TN 流失量比土豆地减少了 908.06 g,TN 减少率为 43.37%。

由以上分析可知,坡耕地种植时,布设作物缓冲带对坡面养分 TN 流失量具有一定的拦蓄和吸收作用，20% 的缓冲带对 TN 流失量的削减率在 25.37% ~43.37%，可以作为坡耕地吸收和拦蓄 TN 流失量的一种有效方式。

8.3　提高水土流失治理度

黄土高原地区沟壑纵横、地块破碎，地形地貌复杂多样，因此水土保持治理难度较大，措施复杂多样化，在不同地方和地类效果也差异较大。

胡世明总结概括了新中国成立以来我国水土流失治理取得的成就和效益及其区域差异，结果表明，通过水土流失治理，我国每年减少土壤侵蚀 15 亿 t，增加蓄水能力 250 多 m^3，增产粮食 180 亿 kg。李敏对 1954 ~2005 年内水土保持措施对黄河年输沙量的影响进行了回归分析，结果表明水土流失治理度能较好地解释 20 世纪 80 年代以来黄河年输沙量锐减的现象，这表明水土保持是黄河输沙量减少的主要原因。而且计算时段内，相同水土流失治理度条件下，7 ~8 月降雨量越大，水土流失治理度对黄河年输沙量的减沙率越大。在水土流失治理度达到 50% 左右时，即使降雨量比平均降雨量大，黄河年输沙量也小于年均输沙量，这说明水土保持明显影响了黄河年输沙量的变化趋势，而且随着水土保持治理度的提高，其效果越发明显。

娑婆小流域水土保持措施仅有极少部分的林业用地。因此，为了调整该小流域土地利用结构的不合理性，改善生态环境，应当适当地增加林业用地的面积，营造种类多样、功能齐全、结构稳定的生态林和水土保持林，综合提高流域的水土流失治理度。同时，应在条件许可的地方大力发展经济林，一方面增加当地居民的经济收入，另一方面起到改善生态、调节气候的目的。

调查表明，娑婆小流域共有林业用地 123 hm^2，占土地面积的 9.78%，远远低于荒草地、耕地和其他土地。该流域并没有规划和实施较多的水土保持措施，具有水土保持功能的土地只是部分林业用地，而且管护水平较低，影响着其水土保持效能的正常发挥。

因此，通过退耕还林还草等水土保持和生态保护等措施，可以减少粗放经营的旱作耕地，有效降低人类活动对原本脆弱生态环境的扰动。林草地作为生态用地的比例增加明显，有效提高了植被覆盖率。旱地、未利用地向林草地转化明显，可以改变该小流域的土地利用结构，提高其生态和农业经济可持续发展性。

建议在坡度较陡的地带以营造柠条、胡枝子、沙棘等耐干旱、耐贫瘠土壤而且根系发达的灌木为主。这些地带通常是水土流失严重、自然灾害易发地带，而且土壤相对贫瘠。由于坡度较陡，降雨不易入渗，通常产流较快。在坡度相对较缓的山坡，以营造水保林和生态林为主。在平缓的坡地、裸地以及坡顶平台等地带，主要种植经果林等既能带来经济效益，又能发挥保水、保土、保肥和改善生态环境的多元化树种。

8.4　改变土地利用结构

土壤侵蚀作为土地利用/覆被变化（LUCC）引起的主要环境效应之一，是人类活动和自然环境相互作用的结果。各研究领域专家普遍认为不合理的土地利用和地表植被覆盖的减少对土壤侵蚀具有放大效应，人类及其活动是土壤侵蚀的主要原因之一。土地利用/覆被变化及土壤侵蚀的空间分布是自然环境和人为因素综合作用的结果，是全球环境变化研究的基础。土壤侵蚀作为土地利用/覆盖变化造成的生态环境问题之一，直接影响土地利用的空间结构和性状特征，从而使土地面积和质量下降，造成土地资源流失；土地利用/覆被变化改变原有地表径流状况、植被物候及土壤微观理化性质，成为影响土壤侵蚀的因素。合理的土地利用/覆被变化能有效改善土壤、径流、气候等自然环境要素，使土壤侵蚀得到控制，实现有效治理、修复生态环境的目标。

土地利用变化包括土地利用结构、土地利用类型、土地资源质量数量的时空变化（潘久根，1999）。土地利用变化可引起许多自然现象和生态过程的变化，如土壤侵蚀、地表径流、土壤养分和水分变化等（邓贤贵，1997）。土壤侵蚀是气候、土壤、地质、地貌、水文和生物等因素相互影响、相互制约的综合结果。其他因素对土壤侵蚀的影响程度很大程度上取决于植被因素，特别是人为活动对植被的影响（王礼先，1995）。土地利用/覆被变化改变原有地表植被类型及其覆盖度和微地形，从而影响土壤侵蚀的动力和抗侵蚀阻力系统，成为土壤侵蚀的诱发和强化因素（关君蔚，1996），导致土壤侵蚀的方式和强度发生变化。不合理的土地利用，改变了地形条件，恶化了土壤特性，破坏了植被资源，从而加剧了土壤侵蚀，是土壤侵蚀的主要原因之一；反之，有限土地资源的优化配置，可有效控制土壤侵蚀，实现区域可持续发展和生态文明建设（刘权、王忠静，2004）。

不同的土地利用类型，具有不同的下垫面特征，从而影响土壤侵蚀产沙过程。很多学者采用此方法研究了土地利用类型的水土流失特征，诸多典型研究表明，不同土地利用方式的土壤侵蚀强度差异性明显，且农田、坡耕地的径流量、侵蚀量明显高于其他的土地利用类型。农田的地表覆盖度相比林地、草地较低，由于耕作、施肥、除草等人类活动，使得黄土的结构被破坏，透水快、需水量大的特性消失，抗蚀性降低，降雨不利于下渗，容易产生径流，径流挟带泥沙，进而发生土壤侵蚀（柳长顺等，2001）。傅伯杰等采用在流域出口建坝观测和样地实测的方法，在校正 LISEM 模型的基础上模拟了不同土地利用方案的水土流失效应（傅伯杰等，2002）。黄志霖等连续 14 年的径流小区试验表明，坡耕地年均径流量和侵蚀量分别为草地的 1.8 倍和 13.9 倍（黄志霖等，2004）。袁再健等的研究表明，在各类土地利用方式中，荒地的径流系数最大，林地最小，坡耕地的侵蚀模数最大，林地最小（袁再健等，2006）。孟庆华等发现在黄土丘陵沟壑区 7 月是径流和泥沙流失的敏感期（孟庆华等，2002）。不同类型的土地，由于植被覆盖的差异导致土壤理化性质不同，其土壤的抗冲性和抗蚀性有明显差异。曾光等对黄土丘陵沟壑区安塞县不同土地利用类型的土壤抗冲性和崩解速率特征进行了测试。结果表明，抗冲性指标和崩解速率在数值上均随着土层深度的增加而增大，表明其抵抗侵蚀能力减弱。不同利用类型 0～10 cm 表层土壤抗冲性和崩解速率强弱关系均为：灌木林 > 草地 > 乔木林 > 果园 > 农地，而在 20～30 cm 土层及 40～50 cm 土层有所变化（曾光等，2008）。朱连奇等以福建省山区为例，得出土地利用/覆被变化对径流的产生和土壤侵蚀有重要影响，植被覆盖度的变化直接影响着径流系数和土壤侵蚀模数；植被覆盖度和径流系数呈负线性关系；植被覆盖度和土壤侵蚀模数为负指数关系的结论（朱连奇等，2003）。路彩玲对宁夏海原县土地利用类型和土壤侵蚀的变化进行了系统研究，结果表明，退耕还林还草有效地提高了植被覆盖度，从而减少了土壤侵蚀面积，降低了土壤侵蚀强度，土地利用类型与土壤侵蚀关系明显。旱地、未利用地、草地是区域内发生土壤侵蚀的主要土地利用类型，降低侵蚀强度的重点是提高对旱地、未利用地和低中草地的改造。各土地利用类型土壤侵蚀差异明显。土壤侵蚀强度指数依次为未利用地、旱地、草地、林地、水浇地（路彩玲，2015）。

由以上概括总结可知，改变土地利用结构可以有效改善土地覆被变化，达到有效控制水土流失的目的。水土流失的有效控制可以进一步削减农业面源污染的发生和发展程度，因此改变土地利用结构是一种有效的坡耕地治理措施。

8.5　精准化农业种植管理措施

坡耕地修建水平梯田，构建地埂植物带、作物缓冲带，提高流域水土流失治理度以及改变土地利用结构等，都是从农田坡度、坡形、坡长以及植被覆盖度等地形地貌因素来解决问题的。除此之外，在农业耕作的实际操作和管理中还存在许多常见的认识误区或者被忽略的地方。如：测土施肥、推广应用现代化施药器械、施加土壤保水保肥剂等。

目前，在我国山区和非规模化种植的农业中施肥浇水以及喷洒农药等管理措施都是根据经验和作物生长的表面状况来实施的，没有根据土壤肥力、水分状况和作物种类差异等来进行科学管理。因此，我国农业种植中施肥量通常大大地超过了植物所需，这导致肥料浪费、利用率低、土壤肥力状况不平衡等负面影响。在病虫害的防治方面存在喷洒剂量大、喷洒不均匀、利用率低等状况。这些粗放式的管理导致施加到土壤中的大量养分和农药随地表径流而流失，造成资源的浪费和生态环境恶化等问题。这些年随着科技的进步和人们观念的逐步提高，一些新的理念和技术在农业种植中得到了一定范围的应用，但大面积推广和普及还需要多方的共同努力。

测土配方施肥作为一种新的农田肥力管理和使用技术，这些年得到了大家一定程度的认可，也取得了不错的成绩。测土配方施肥是指以化学分析测定土壤中养分的含量，并在其他理论的基础上，对土壤肥力进行评价，从而提出施肥建议。具体来说，就是查明土壤养分储量和供应能力，为制订施肥计划提供依据，判断某些营养元素缺乏或过剩，以决定追肥量或采取其他措施，根据某种肥料的适用效果，研究作物生长发育过程中土壤、植株的营养动态和规律，研究某种作物品种的营养特点，作为施肥的依据。

土壤测试是测土施肥的基础。土壤测试始于 19 世纪中期的李比希（Liebig）时代（1850），但直到 20 世纪 20 年代末，土壤测试并没有明显的进展。到 20 世纪 30 年代初期土壤测试技术有了显著的发展，一系列土壤有效养分的测定方法得以建立，并得到了可靠的验证，其中有些方法一直到现在仍然被一些土壤分析实验室所采用。到 20 世纪 40 年代，土壤测定在欧美等发达国家作为制订肥料施用方案的有效手段已经被社会普遍接受。美国在 20 世纪 60

年代就已经建立了比较完善的测土施肥体系,每个州都有测土工作委员会,负责相关研究、技术体系和管理方法的制定。县与乡建有基层实验室,按照土壤分析工作委员会制订的方法与指标执行土样分析工作,并直接指导农民施肥。目前,美国配方施肥技术覆盖面积达到80%以上,40%的玉米地采用土壤或植株测试推荐施肥技术,大部分州都制定了测试技术规范,并在大面积土壤调查的基础上,启动了全国范围内的养分综合管理研究。除美国外,其他发达国家如德国、日本、法国、英国等也很重视测土施肥,并建立了相应的管理措施,如英国农业部出版了《推荐施肥技术手册》,进行分区和分类指导,并每隔几年组织专家更新一次。

我国的测土配方施肥工作始于20世纪70年代末的全国第2次土壤普查。农业部土壤普查办公室组织了由16个省(市、区)参加的“土壤养分丰缺指标研究”,其后农业部开展了大规模配方施肥技术的推广。1992年组织了UNDP平衡施肥项目的实施,1995年前后,在全国部分地区进行了土壤养分调查,并在全国组建了4 000多个不同层次的多种土壤肥力监测点,分布在16个省的70多个县,代表20多种土壤类型。20世纪90年代各种形式的测土施肥工作在我国广大地区推行,并初步形成了适应当前我国农业状况、有自己特点的土壤测试推荐施肥体系(白由路等,2006)。2005年中央1号文件明确提出:“搞好沃土工程建设,推广测土配方施肥”。农业部认真贯彻落实中央政策。2005年我国投入2亿元在全国200个县实施测土配方施肥,但主要针对粮食作物。2006年投入5亿元在600个县2.6亿亩土地,并推广到经济作物。2007年,投资9亿元,涉及120个县的6.4亿亩土地。截至2009年共投入40亿元,共28亿亩土地,涉及2 498个县,基本实现农业县全覆盖。

尽管我国测土配方施肥在较大范围内进行了实施,但在技术应用过程中还存在一些问题。综观我国推广测土施肥配方技术的发展历程,成效是显著的,但也存在一些不容忽视的问题。最主要的是这种先进的有利于植物生长和控制面源污染的技术没有得到广泛深入的应用。据调查,到现在为止,真正能够实现测土化验、配方施肥的农户所占比例不足10%,大多数地区仍然停留在试验示范层面(白选杰,2000)。首先,技术覆盖面比较小,农民的施肥观念和接受程度仍然存在不少问题,传统施肥模式、盲目施肥和不重视肥料流失的现象仍然普遍存在。其次,目前的测试方法操作程序复杂,分析速度慢,时效性差,不能满足及时了解农田养分情况的需求,急需开发简单、快速、准确的测试方法。除此之外,还存在着重无机肥、轻有机肥的施肥观念;测土、配肥以及供肥几个环节不协调，影响推广；监督机制不健全等多种急需解决的问题（张秀平，2010）。

在我国农业种植中，每年需要喷洒大量的农药进行杀虫和除草，但目前我国农村大部分都在使用背负机动喷杆喷雾机，这种设备喷洒农药由于喷出去的雾滴较大、不均匀，导致农药利用率低、喷洒面积小、土壤残留农药较多、易于造成环境危害。研究表明，用这种传统的喷雾设备喷洒农药，农药有效利用率只有 5% ~25%，即有 75% ~95% 的农药白白浪费了，这些农药不仅没起作用，还形成了农业面源污染（郑建秋，2013）。我国农药使用不仅利用率低，而且使用剂量大。2003 年我国农药使用平均水平为 75 kg/hm^2，杀虫剂、杀菌剂、除草剂的使用比约为 5∶25∶2.5（发达国家使用比通常为 4∶2∶4），而且农药总量中化学农药占总量的 93.3%，生物农药仅占 6.7%，其中，高毒、高残留农药占 30% 多（祁俊生，2009）。我国这种高剂量、低利用率、化学高毒农药的大量使用对土壤、水体以及食物链的平衡和安全造成了较大的隐患。

我国农药使用量大而且利用率低，导致了大量的农药进入土壤、地表水、地下水和农产品中，造成了大量的污染和毒害，其中蔬菜、水果由于施药频繁，严重超量，污染状况严重。据统计，我国当前农药污染面积已达 907.1 亿 m^3，导致了大量的农田和水体遭到污染，对土壤的可持续使用造成了巨大的影响。因此，科学配比农药，使用更加高效科学的喷药设备和生物低毒农药是防止土壤、水体、食物污染的基本保障，是防治农业面源污染的重要措施。

土壤保水剂（Super Absorbent Polymer，SAP）作为一种新型的高分子材料近些年进入了农业领域，并得到了较好的应用，尤其在干旱缺水地区使用保水剂可以显著提高植物水分利用率，增加作物产量。

土壤保水剂又称为土壤保湿剂、高吸水性树脂、高分子吸水剂，是利用强吸水树脂制成的一种具有超高吸水保水能力的高分子聚合物。它能循序吸收自身质量数十倍至近百倍的含盐水分，并缓慢释放水分供植物吸收利用，从而增强土壤保水性能，改良土壤结构，减少水的深层渗漏和土壤养分流失，提高水分利用率。保水近年来在我国广大干旱缺水地区农林方面得到了广泛应用，并在农业、林业、水利、治沙等领域，发挥抗旱保苗、增产增收、改良土壤、防风固沙等多种水土保持功能，取得了较理想的效果（吴德宜，2002；宫辛玲等，2008；王存兴等，2012；董立国等，2006）。

2000 年水利部全国农村水利工作会议将保水剂列为十大节水灌溉技术之一，2001 年农业部将抗旱保水剂应用列为重点推广的种植业生产技术（李云开等,2002),2002 年科技部在“生物与现代化农业”领域的“863”节水重大专项中,列入“新型多功能保水剂系列产品研制与产业化开发”专题,将保水剂研究和生产、应用与推广提升到一个新的层次,业内专家称保水剂是继化肥、农药、地膜之后第 4 种最有希望被农民接受的新型农用化学制品(林雄财等,2007;黄占斌,2005)。目前,全世界的保水剂年使用量已经超过 200 万 t,且每年以 8% ~10% 的速度增长(孙福强,2003)。我国对保水剂的研究始于 20 世纪 80 年代,经过 20 多年的发展,已经初具规模,全国从事保水剂研究的单位已有 40 多家,但产品生产还比较落后,总产量不过 1 000 t,和国外相比差距较大(李云开等,2002)。

在具体的使用中,保水剂可单独使用,也可以和肥料一同使用。通常情况下,人们将保水剂一同施入土壤,达到保水、保肥的目的。保水剂可以抑制土壤表层土壤的蒸发,稳定土壤含水率。保水剂和肥料一同施加,受肥料的影响,保水剂的吸水率会受到影响,尤其是含有低浓度电解质的肥料对吸水率的影响更加明显(杨磊等,2004;张富仓等,1995;杜太生等,2002)。另外,肥料可以被吸收进入保水剂分子网状交联的结构空间内,随时间的延长缓慢释放,从而提高肥料的利用率,对土壤养分有明显的保蓄作用。已有研究表明,保水剂对 NH_3^- 和 K^+ 有较强的吸附作用,同时也能降低土壤中 NH_4^+ 的淋溶损失(Magalhaes et al,1987;马焕成等,2004;Mikkelsen et al,1993),起到减少土壤养分流失、削减农业面源污染的积极作用。土壤养分被吸收进保水剂分子的网状交联结构中,延长肥料的供应时间,提高肥料的使用率,增加植物根系对氮、磷、钾等有效肥料的吸收(俞满源等,2003;刘世亮等,2005;黄占斌等,2002)。保水剂在提高肥料使用率的同时,对水分入渗和水分利用率的作用更加明显。白文波对不同保水剂对土壤积水入渗特征的影响的研究表明,保水剂对土壤累计入渗量和入渗速率具有稳定性和一致性,同时保水剂不同施入方法都能不同程度地增加土壤入渗,但混施效果优于层施(白文波等,2010)。何进宇等对宁夏干旱带压砂节水补灌条件下 2 种土壤保水剂的保水效果研究表明,保水剂可以增加土壤表层绝对含水率 1.945%,相对含水率 15.16%,能使甜瓜提前出苗 1 ~4 d,整个生育期提前 5 ~8 d,平均增产幅度 7.6%,能显著增加农民的经济收入(何进宇、田军仓,2012)。保水剂能提高需水较多的瓜果类产品的水分利用率,对农作物的水分利用也起着积极的作用。王琦等对不同保水剂对春小麦生长的影响研究表明,不同种类的保水剂均对小麦产量和水分利用效率有显著提高,其中产量增加率在 3.52% ~

13.60%，水分利用率提高率在0.26～1 kg/(mm· hm^2)(王琦等,2007)。

保水剂不仅对耕作多年的熟土具有显著的保水效能，而且对经过人为活动干扰原有土壤质地遭到破坏后的生土也具有显著的保水性能。王生录等对干旱半干旱山区新修梯田施用保水剂后的节水和增产效果进行了研究。结果表明，通过梯田修建使原有土壤质地遭到破坏后，施加保水剂可使玉米水分利用率平均提高5.6%，产能提高9.6%(王生录等,2001)。可见保水剂对生土、熟土都具有显著的保水、增产作用，因此在新修梯田、土地整治等工程措施实施后，施加保水剂能减少由于人工剧烈扰动所导致的土壤质地破坏所带来的水分和经济损失。

除此之外，在农业耕作和管理中还有其他的保护水土流失、控制农业面源污染的方法和措施，如：种子无害化处理、药剂处理种子、土壤消毒处理、喷洒功能地膜、轮作、普及平衡施肥技术、回收利用农业生产有机废物等。这些农业种植和管理中的具体技术及需要注意的细节，对水土流失的和土壤养分的防治没有修建水平梯田、植物埂等改变地形地貌的措施那样显著，但所起的作用也不容小视。现实的农业种植中，这些细节性问题造成的危害较小，通常引不起大家的注意。但农业种植涉及的土地面积数额较大，而且是个周而复始的季节性过程，因此通过累积，由这些细节问题导致的水土和养分流失的危害也是巨大的，需要引起足够的重视。

由以上概括和总结可知，在农业种植和管理中还有许多科学有效的保持水土、防止面源污染的措施可以采取。随着现代化的新产品、新工艺、新技术的出现，这些措施能在农业中得以大范围推广和应用。同时，在应用新技术、新材料的同时，应增强对细节问题的重视和管理，才能逐步将粗放式管理的种植农业转化为精细化运作和管理的节约式、模式化农业。

8.6　本章小结

本章针对娑婆小流域土地利用结构以及传统农业种植的特点，提出了坡耕地改水平梯田、构建地埂植物带、布设作物缓冲带、提高水土保持治理度、改变土地利用结构以及精细化农业种植和管理等多种治理措施，并进一步对作物缓冲带对径流、泥沙和养分削减与拦蓄方面的效果进行试验。试验表明，试验小区，以80%的面积种植土豆、20%的面积密植莜麦后，径流量比单纯种植土豆减少了 13.01 L,径流减少率为 21.58%;泥沙流失量比土豆地减少了 1 786.06 g,泥沙减少率为 24.18%;TN 流失量比土豆地减少了 531.13 g,TN 减少率为 25.37%。以 80% 的面积种植土豆、20% 的面积种植玉米后,径流量比土豆地减少了 17.67 L,减少率为 29.32%;泥沙流失量比土豆地减少了 2 338.96 g,减少率为 31.66%。从径流减少率、泥沙削减率和 TN 流失量减少率三个因子分析表明,坡耕地布设作物缓冲带后能起到削减径流、泥沙和养分流失的作用,是治理坡耕地水土流失和农业面源污染的可行方法。

第9章

结论与创新点

本章总结概括了本研究所得到的主要结果与结论，凝练了研究的特点和创新点，并针对存在的问题进行了简单的讨论和展望。

9.1 结　论

本书在调查娑婆小流域自然地理状况及土地利用现状的基础上，基于汾河水库上游地区坡耕地大量存在并从事作物种植生产活动的现状，对坡耕地种植玉米、莜麦、土豆、裸地和弃耕后五种地面条件下的径流、泥沙和养分流失状况进行了定性和定量研究与分析，并进一步对大面积坡耕地内泥沙和养分流失量进行了估算，提出以氮素流失为主要特征的坡耕地农业面源污染的防治对策和措施。

9.1.1 娑婆小流域土地利用格局

娑婆小流域共有土地面积 12.58 km^2，涉及黑家窑、张才嘴和桥门村三个行政村。土地类型主要为其他土地，占流域总面积的 57.79%；其次为耕地，占流域总面积的 17.81%，其中以坡耕地为主；荒草地面积占据第三，占流域总面积的 12.96%；林业用地排行第四，占流域总面积的 9.78%，以灌木林为主。从土地利用结构的信息熵和均衡度来分析，存在结构不平衡、单一土地类型优势显著的特点，即以其他土地和耕地占主导，是主要的土地利用类型。因此，对娑婆小流域坡耕地利用结构进行科学规划，合理配置，实施坡耕地综合治理等防治措施，是改善和提高当地土地生产力的有效途径。只有提高和改善坡耕地的存在方式与利用方式，才能从根本上解决坡耕地生产力低下、土肥流失严重、生态环境恶化的现状。

9.1.2 不同地面植被条件下径流分析

研究区 2014 年 7 ~ 9 月 3 个月内共有 6 次侵蚀性降雨，累计降雨量 188.95 mm，平均每月侵蚀性降雨量为 62.98 mm。监测时间内，玉米地、莜麦地、土豆地、裸地和弃耕地五种不同植被条件下，径流量均值分别为 2 215.05 mm、2 724.67 mm、3 717.13 mm、5 448.23 mm 和 3 364.77 mm，径流量大小为裸地 > 土豆地 > 弃耕地 > 莜麦地 > 玉米地，表现为径流量随着降雨量的增加而逐渐增加的趋势。同时，降雨量和径流量之间呈现出线性关系，且关系显著。整体上表现为径流量随着地面植被覆盖度的增加而减小的趋势，但不存在线性关系。相关分析表明,径流量、降雨量和地面植被覆盖度之间不存在 Pearson(皮尔逊)直线相关性,存在 Spearman(斯皮尔曼)秩相关和 Kendall(肯德尔)等级相关性,其中降雨量与径流量之间存在显著正相关,而与地面植被覆盖度之间相关性不显著。

9.1.3　不同地面植被条件下泥沙流失量

研究区监测时间内,不同植被条件下 6 次侵蚀性降雨泥沙流失量之间差异较大。累计泥沙流失量分别为:玉米地 1 960.88 g、莜麦地 5 728.78 g、土豆地 6 840.78 g、裸地 7 885.34 g、弃耕地 3 412.65 g,大小顺序为:裸地 > 土豆地 > 莜麦地 > 弃耕地 > 玉米地。地面植被类型对泥沙流失量具有显著影响,是影响泥沙流失量的因素之一,而且泥沙流失量有随着有效降雨量增加而增加的趋势。

泥沙流失量和径流量之间存在 Spearman 秩相关和 Kendall 等级极显著相关性。不同地面植被条件下径流中泥沙所占比例差异较大,在 11.11% ~ 42.86%,而且不同时间之间差异较大。玉米地、莜麦地和土豆地泥沙流失量随着地面植被覆盖度的增加而呈现出先减少,后增加,最后再降低的趋势。弃耕地泥沙流失量随着地面植被覆盖度的增加而呈现出先减少,后增加,再减少,最后增加的波动。裸地泥沙流失量随着地面植被覆盖度的增加而呈现出先减少,后增加,然后趋于平缓,最后再降低的趋势。

9.1.4　不同地面植被条件下氮流失形态和流失量

研究区坡面径流 NO_3^- – N 浓度呈现逐渐下降的趋势。NO_3^- – N 浓度均值大小为:裸地 > 玉米地 > 莜麦地 > 土豆地 > 弃耕地,均值分别为 12.59 mg/mL、11.83 mg/mL、11.32 mg/mL、10.59 mg/mL、9.92 mg/mL。TN 浓度表现为:裸地 > 土豆地 > 弃耕地 > 莜麦地 > 玉米地,均值分别为 32.51 mg/mL、31.05 mg/mL、29.92 mg/mL、27.67 mg/mL、28.81 mg/mL。NO_2^- – N 浓度表现为:裸地 > 土豆地 > 莜麦地 > 弃耕地 > 玉米地,均值分别为 0.55 mg/mL、0.49 mg/mL、0.40 mg/mL、0.39 mg/mL、0.35 mg/mL。NH_4^+ – N 浓度大小顺序为:莜麦地 > 土豆地 > 弃耕地 > 玉米地 > 裸地,均值分别为 0.92 mg/mL、0.79 mg/mL、0.74 mg/mL、0.70 mg/mL、0.61 mg/mL。不同地面植被条件下径流中 NO_3^- – N 和 TN 浓度具有显著差异,而 NO_2^- – N 和 NH_4^+ – N 的浓度差异不显著。

试验小区 10 m^2 坡耕地随径流流失的 NO_3^- – N 量为:裸地 > 土豆地 > 弃

耕地＞莜麦地＞玉米地，均值分别为68.56 g、39.16 g、33.08 g、29.69 g、26.19 g。NO_2^-－N流失量为：裸地＞土豆地＞弃耕地＞莜麦地＞玉米地，均值分别为3.08 g、1.94 g、1.37 g、1.12 g、0.49 g。NH_4^+－N流失量为：裸地＞土豆地＞莜麦地＞弃耕地＞玉米地，均值分别为3.32 g、3.07 g、2.49 g、2.44 g、1.57 g。随径流流失的三种无机氮流失量从零点几克到几十克不等，表现为：裸地＞土豆地＞莜麦地＞弃耕地＞玉米地，可见作物对氮素流失量具有一定的影响。

不同地面植被条件下随径流流失的有机氮差异显著，大小顺序为：裸地＞土豆地＞弃耕地＞莜麦地＞玉米地，均值分别为102.55 g、72.81 g、58.88 g、42.89 g、32.98 g。全氮流失量大小顺序为：裸地＞土豆地＞弃耕地＞莜麦地＞玉米地，均值分别为177.51 g、116.98 g、95.77 g、76.18 g、61.54 g。

监测期内流失的NO_3^-－N占TN的比例呈逐渐下降的趋势，大小为：玉米地＞莜麦地＞裸地＞弃耕地＞土豆地，均值分别为42.86%、39.56%、38.75%、35.04%、34.52%。NO_2^-－N流失量占TN流失量的比例大小为：裸地＞土豆地＞弃耕地＞莜麦地＞玉米地，均值分别为1.67%、1.52%、1.35%、1.34%、1.23%。NH_4^+－N占TN流失量的比例大小顺序为：莜麦地＞弃耕地＞玉米地＞土豆地＞裸地，均值分别为3.17%、2.61%、2.53%、2.53%、1.88%。不同地面植被条件下有机氮所占比例之间差异较小，大小顺序为：土豆地＞弃耕地＞裸地＞莜麦地＞玉米地，均值分别为61.43%、61.01%、57.70%、55.93%、53.38%。

9.1.5　泥沙和养分流失危害

2014年7～9月侵蚀性降雨集中的3个月里，不同地面植被条件下每公顷坡耕地流失泥沙量大小顺序为：裸地＞土豆地＞莜麦地＞弃耕地＞玉米地，其中玉米地泥沙流失量约为1 960.88 kg，莜麦地5 728.78 kg，土豆地6 840.58 kg，裸地7 885.34 kg，弃耕地3 412.65 kg。娑婆小流域156.92 hm^2坡耕地，泥沙流失量在385～15 467 t。娑婆小流域每年几百吨到一千多吨的泥沙从坡面流失，对土地生产力及土地的可持续发展和利用造成了极大的破坏，同时也对下游沟渠、河道和湖库的安全有效运行造成了巨大的威胁。

监测期内坡耕地不同植被条件下每公顷坡耕地流失NO_3^-－N量大小顺序为：裸地＞土豆地＞弃耕地＞莜麦地＞玉米地，均值分别为411.38 kg、234.94 kg、198.47 kg、178.11 kg和157.14 kg。娑婆小流域156.92 hm^2坡耕地，TN流失量在57.94～167.13 t。每年数十吨的氮从坡面流失，一方面造成了大量的物质资源浪费，影响土地生产力，另一方面对下游河流湖库水体质量形成了巨大的威胁。

9.1.6 坡耕地防治措施体系

针对娑婆小流域土地利用结构以及传统农业种植的特点，提出了坡耕地改水平梯田、构建地埂植物带、构建作物缓冲带、提高水土流失治理度、调整土地利用结构、测土配方施肥和保水剂的应用等精准化农业种植管理等多种防治措施。并进一步对作物缓冲带对径流、泥沙和养分削减和拦蓄方面的效果进行试验。试验表明，以 80% 的面积种植土豆、20% 的面积密植莜麦后，径流量比单纯土豆地减少了 13.01 L，径流减少率为 21.58%；泥沙流失量比土豆地减少了1 786.06 g，泥沙减少率为 24.18%；TN 流失量比土豆地减少了 531.13 g，TN 减少率为 25.37%。以 80% 的面积种植土豆、20% 的面积种植玉米后，径流量比单纯种植土豆减少了 17.67 L，减少率为 29.32%；泥沙量比单纯土豆地减少了2 338.96 g，减少率为 31.66%。

从径流减少率、泥沙削减率和 TN 流失量减少率三个因子分析表明，坡耕地布设作物缓冲带后能起到削减径流与泥沙和养分流失的作用，是治理坡耕地农业面源污染的可行方法。

9.2 研究特点与创新

该项研究的特点和创新在于：依据土壤侵蚀与水土保持原理，结合国家和山西省对汾河上游地区的生态功能定位，以黄土丘陵沟壑区坡耕地为研究对象，通过普通考察与重点调查相结合的方法选定了典型研究区域，并进一步采用熵值法、定点监测法、理化分析和统计分析等多种手段与方法相结合的途径，应用土壤侵蚀、坡面水文与泥沙、面源污染的理论知识，对典型小流域的土地利用结构、坡耕地产流产沙机制和坡面氮素流失特征进行了定性和定量分析，并有针对性地提出和构建了“作物缓冲带”在坡耕地泥沙和养分流失防护方面的防治措施，可为黄土高原坡耕地水土流失和农业面源污染的防控提供理论依据。

本研究中的创新之处主要表现在以下三个方面：

(1) 宏观与微观相结合，立足实际：本研究基于坡耕地大量存在和对生态环境影响较大的现实，结合国家环保部、山西省人民政府对汾河上游地区的生态功能区划和定位，以汾河水库上游地区典型小流域为代表，对“土地利用状况”、“水土流失”和“农业面源污染”间的相互关系进行了研究，做到了“立足宏观，着手微观，应用实际”的紧密结合。

（2）研究思路新颖：本研究以土壤侵蚀、农业面源污染基本原理为基础，将土壤侵蚀、水土保持、坡面泥沙、水环境、农业面源污染等多个学科相融合，对“降雨－坡耕地－作物－径流－泥沙－氮素－水环境”多界面间的“土壤”、“水体”和“氮素”两相物质转化过程进行了系统的研究，定性和定量分析了坡耕地以泥沙和氮素流失为主的农业面源污染过程与机制，对学科拓展与交叉融合是一次新的探索和尝试。

（3）技术措施“研－用”一体：本书通过对研究区水土流失进行动态监测，在集成水平梯田、地埂植物带、增加林草植被等传统防治坡面径流、土壤、肥料、污染物迁移的基础上，根据坡耕地种植农作物的实际情况，在借鉴前人研究成果的基础上，首次提出坡耕地“作物缓冲带”措施，并对不同农作物类型配置下的作物缓冲带在坡耕地径流、泥沙、氮素流失及防治效果方面进行了试验研究，为进一步研究拟产生最佳效果的坡耕地作物缓冲带技术，提供了思路和基础依据。

9.3 讨论与展望

本书在调查小流域土壤资源及土地利用状况的基础上，基于坡耕地大量存在并在较长时期内仍将从事农业生产的现实，对娑婆小流域土壤资源和土地利用结构进行了分析与评价，并对坡耕地不同地面植被条件下坡面径流、泥沙和养分流失状况进行了动态监测、分析与评价，在此基础上估算了大范围坡耕地上泥沙和养分流失量，并对可能导致的环境危害进行了分析。通过对娑婆小流域土地利用状况调查分析和坡耕地泥沙与养分流失状况的分析，提出了针对该小流域土地整治的思路和基本方法，为汾河水库上游乃至山西省的坡耕地面源污染防控提供了理论依据和防治对策。

本书对娑婆小流域土地利用状况及泥沙、养分流失状况进行了一定程度的分析和研究，但对流域土壤因子、土地利用方式、气象因子、径流形成、泥沙和养分流失之间的耦合关系，以及黄土丘陵沟壑区坡耕地面源污染模型建立及合理的模型参数取值等方面缺乏深入系统的研究，今后还需要作以下探讨：

第一，AnnAGNPS 模型的模拟精确性与模型参数有着直接关系。黄土丘陵沟壑区作为水陆地复合系统，下一步将利用 AnnAGNPS 模型对流域土壤参数、侵蚀因子参数、降雨参数、地表径流参数、作物主要参数、施肥参数等加以分析，在模拟小流域总氮、总磷等污染负荷的基础上，形成适合该区域的模型参数值。

第二，土地是个有效系统体，对流域土地状况进行评价时，应该从土地面积、结构类型、区域生态承载力等方面进行综合评价，这样对实际应用具有更科学的指导意义。

第三，扩大径流监测小区的面积和研究范围。针对不同坡度和长度状况下不同地面植被条件时径流形成过程及特点，泥沙随径流流失的过程及特点，养分随径流形成和流失的规律等方面还有待进一步系统研究。坡度、坡长和地面植被条件是影响径流、泥沙和养分流失的主要因子，因此系统全面地对坡耕地不同植被条件下径流、泥沙和养分的流失进行研究，是防治农业面源污染的基础。

第四，对流失土壤中的养分还需要做大量的测试分析。土壤是养分的主要贮存基质，土壤养分中部分速效养分极易溶于水，当径流冲刷土壤时，流失掉的养分以易溶于水的为主。因此，在对坡耕地农业面源污染进行养分流失研究时，对流失土壤中养分的测试和分析也尤为必要。通过对土壤 - 径流 - 流失泥沙三基质两界面层面的养分进行研究，才能准确地评估养分在固态 - 液态 - 固态间的转移和平衡。

第五，鉴于作物缓冲带在坡耕地农业面源污染中对径流、泥沙和养分的削减作用，要进一步对不同种类作物缓冲带进行系统研究，拟寻求产生最佳缓冲效果的作物缓冲带带宽及其他指标，为广大山丘区坡耕地面源污染防控提供理论依据和科技支撑。

参 考 文 献

[1] Abdelzaher A M, Wright M E, Ortega C, et al. Presence of pathogens and indicator microbes at a non-point source subtropical recreational marine beach [J]. Applied and environmental microbiology, 2010, 76(3): 724-732.

[2] Ake Sivertun, Lars Prange. Non-point source critical area analysis in the Gisselö watershed using GIS [J]. Environmental Modelling & Software, 2003, 18 (10): 887-898.

[3] Alexander R B, Elliott A H, Shankar U, et al. Estimating the source and transport of nutrients in the Waikato River Basin, New Zealand [J]. Water Resources Research., 2002, 38,:1268-1290.

[4] Beaulac M N, Reckhow K H. An examination of land use-nutrient export relationships[J]. Water Resources Bulletin, 1982, 18:1013-1024.

[5] Bellamy J. Decsion Support for sustainable management of grazing Lands [J]. Agricultural Economics, 1995, 45(7): 342-348.

[6] Boers, Paul C M. Nutrient Emission from Agriculture in the Netherlands: Causes and Remedies [J]. Water Science and Technology, 1996, 33(4-5): 183-189.

[7] Braskerud B C. Factors affecting nitrogen retention in small constructed wetlands treating agricultural non-point source pollution [J]. Ecological Engineering, 2002, 18 (3): 351-370.

[8] Capalbo M. The next American Metropolis [M]. Princeton, Princeton Architectural Press, 1993: 35-61.

[9] Chowdary V M, Rao N H, Sarma P B S. Decision support framework for assessment of non-point source pollution of groundwater in large irrigation projects [J]. Agricultural water Management, 2005, 75 (3):194-225.

[10] Chuvieco E. Intergration of linear programming and GIS for land use modeling [J]. Journal of Gerographical Information System, 2003, 3(2): 23-25.

[11] Cline M G. Soil classification in the United Stateds [J]. Agriculture Mimeo, 1979, (79): 12, 2-7.

[12] Cohn T, Caulder D L, Gilor E J, et al. The Validity of a Simple Statistical Mode for Estimating Fluvial Constituent Loads: An Emirical Study Involving Nutrient Loads Entering Chesapeake Bay [J]. Water Resources Research, 1992, 28(9), 2353-2364.

[13] de Vries F T, Thébault E, Liiri M, et al. Soil food web properties explain ecosystem services across European land use systems [J]. Proceedings of the National Academy of Sciences, 2013, 110(35): 14296-14301.

[14] Di Luzio M, Srinivasan R, Arnold J G. Technical Note A GIS-Coupled Hydrological Model System for the Watershed Assessment of Agricultural Nonpoint and Point Sources of Pollution [J]. Transactions in GIS, 2004, 8(1): 113-136.

[15] Dorner S, Shi J, Swayne D. Multi-objective modelling and decision support using a Bayesian network approximation to a non-point source pollution model [J]. Environmental Modelling & Software, 2007, 22(2): 211-222.

[16] Fu B, Chen L, Ma K, et al. The relationships between land use and soil conditions in the hilly area of the loess plateau in northern Shaanxi, China [J]. Catena, 2000, 39 (1): 69-78.

[17] Fu B, Ma K, Zhou H, et al. The effect of land use structure on the distribution of soil nutrients in the hilly area of the Loess Plateau, China [J]. Chinese Science Bulletin, 1999, 44(8): 732-736.

[18] Geist H J, Lambin E F. What drives tropical deforestation ? [M]. LUCC Report Series, 2001:4.

[19] Gordon Mitchell. Mapping hazard from urban non-point pollution: a screening model to support sustainable urban drainage planning [J]. Journal of Environmental Management, 2005, 74 (1):1-9.

[20] Hardy B, Cornelis J T, Dufey J E. Impact of land-use and long-term (> 150 years) charcoal accumulation on microbial activity, biomass and community structure in temperate soils (Belgium) [C]//EGU General Assembly Conference Abstracts. 2015, 17: 13-25.

[21] Jiang C, Fan X, Cui G, et al. Removal of agricultural non-point source pollutants by ditch wetlands: implications for lake eutrophication control [M]//Eutrophication of Shallow Lakes with Special Reference to Lake Taihu, China. Springer Netherlands, 2007: 319-327.

[22] Johnes P J. Evaluation and management of the impact of land use change to the nitrogen and phosphorus load delivered to surface waters: the export coefficient modeling approach [J]. Journal of Hydrology, 1996, 183: 323-349.

[23] Kirkby M J. Erosion by Water on Hill slope in Chorley R J (ED) Water, Earth and Man [M]. Methuen, London,1969.

[24] Knise W C, CREAMS. A field scale model for chemical, erosion from agricultural management systems, Conservation Number 26, US Department of Agriculture[M]. 1980.

[25] Tucson J A Z, Kronvang B, Grsbll P, et al. Diffuse nutrient losses in Denmark [J]. Water Science and Technology, 1996, 33 (4-5): 81-88.

[26] Lambin E F, Ehrlich D. Land-cover changes in sub-saharan Africa (1982 – 1991): Application of a change index based on remotely sensed surface temperature and vegetation

indices at a continental scale [J]. Remote Sens. Environ., 1997, 61: 181-200.

[27] Lauber C L, Strickland M S, Bradford M A, et al. The influence of soil properties on the structure of bacterial and fungal communities across land-use types [J]. Soil Biology and Biochemistry, 2008, 40 (9): 2407-2415.

[28] Lee M S, Park G A, Park M J, et al. Evaluation of non-point source pollution reduction by applying Best Management Practices using a SWAT model and QuickBird high resolution satellite imagery [J]. Journal of Environmental Sciences, 2010, 22 (6): 826-833.

[29] Leonard R A, Knisel, W G, Still D A. GLEAMS: Ground-water loading effects of agricultural management systems [J]. Transactions of ASAE, 1987, 30 (5):1403-1418.

[30] Liding C, Bojie F. Farm ecosystem management and control of nonpoint source pollution [J]. Chinese Journal of Environmental Science, 2000, 21 (2): 98-100.

[31] Magalhaes J R,Wilcox G E,Rodriguez F C, et al. Plant growth and nutrient uptake in hydrophilic gel treated soil [J]. Communications in Soil Science and Plant Analysis,1987, 18: 1469-1478.

[32] Maillard P, Santos N A P. A spatial-statistical approach for modeling the effect of non-point source pollution on different water quality parameters in the Velhas river watershed-Brazil [J]. Journal of Environmental Management, 2008, 86 (1): 158-170.

[33] Marc Duchemin, Richard Hogue. Reduction in agricultural non-point source pollution in the first year following establishment of an integrated grass/tree filter strip system in southern Quebec (Canada) [J]. Agriculture, Ecosystems & Environment, 2009, 131 (1-2): 85-97.

[34] Maurizio Borin, Elisa Bigon. Abatement of NO_3^- – N concentration in agricultural waters by narrow buffer strips [J]. Environmental Pollution, 2002, 117: 165-168.

[35] Maurizio Borin, Matteo Passoni, Mara Thiene, et al. Multiple functions of buffer strips in farming areas [J]. Europ J Agronomy, 2010, 32: 103-111.

[36] McCool D K, Brown L C, Foster G R, et al. Revised slope steepness factor for the Universal soil Loss Equation [J]. Transactions of the ASAE, 1987, 30:1387-1396.

[37] Meyer W B, Turner B L. Changes in land use and land cover: a global perspective. Cambridge: Cambridge University Press,1994.

[38] Mikkelsen R L,Behel A D,Williams H M. Addition of gel-forming hydrophilic polymers to nitrogen fertilizer solutions [J]. Fertilizer Research, 1993, 36: 55-61.

[39] Miller G T. Living in the Environment: An Introduction to Environmental Science [M]. Seventh Edition. Belmont: Wadsworth Publishing Company, 1992:602-611.

[40] Monika Schaffner, Hans-Peter Bader, Ruth Scheidegger. Modeling the contribution of point sources and non-point sources to Thachin River water pollution [J]. Science of the total Enviroment, 2007 (17): 4902-4915.

[41] Phillips J D. An evaluation of the factors determining the effectiveness of water quality buffer zones [J]. Journal of Hydrology, 1989, 107: 133-145.

[42] Polyakov A, Fares D, Kubo J, et al. Evaluation of a non-point source pollution model, AnnAGNPS, in a tropical watershed [J]. Environemtal Modelling & Software, 2007, 22 (11): 1617-1627.

[43] Prakash Basnyat L D, Teeter B G, Lockaby K M. Flynn. The use of remote sensing and GIS in watershed level analyses of non-point source pollution problems [J]. Forest Ecology and Management, 2000, 128(1-2): 65-73.

[44] Raymond C Loehr. Characteristics and Comparative Magnitude of Non-Point Sources [J]. Journal Water Pollution Control Federation, 1974, 46 (8): 1849-1871.

[45] Richard Cabernet, Joseph A Herriges. The regulation of non-point-source pollution under imperfect and asymmetric information [J]. Journal of Environmental Economics and Management, 1992, 22 (2): 134-146.

[46] Riebsame W E, Changnon Jr S A, Karl T R. Drought and natural resources management in the United States. Impacts and implications of the 1987-1989 drought [M]. Westview Press Inc., 1991.

[47] Sharift M A, Perloff H S. A decision support system for land use planning at farm enterprise level [J]. Agricultural Systems, 1994, 5(3): 365-372.

[48] Shu-Kuang Ning, Ni-Bin Chang, Kai-yu Jeng, et al. Soil erosion and non-point source pollution impacts assessment with the aid of multi-temporal remote sensing images [J]. Journal of Environmental Management, 2006, 79 (1): 88-101.

[49] Stark A. Analysis of planning data concerning land consolidation: using a geographic information system [J]. Soils and Fertilizers, 1993, 2 (1): 26-32.

[50] Steiner R F, Vanlie H W. Land conservation and development examples of land use planning: Projects and program [J]. Printed in the Netherlands, 2003: 5-151.

[51] Turner B L II, Clark W C, Kates R W, et al. The earth as transformed by human action. Global and regional changes in the biosphere over the past 300 years [M]. Cambridge University Press (with Clark University). Cambridge, New York: Port Chester, Melbourne & Sydney, 1990.

[52] U S Environmental Protection Agency. Chesapeake Bay: Aramework For action, Chesapeake Baygram [M]. Environmental Protection Agency Chesapeake Bay Liaison Office, Annapolis, Maryland, 1994.

[53] Veldkamp A, Lambin E F. Predicting land-use change, Agriculture, Ecosystems and Environment, 2001, 85(1): 1-3.

[54] Verfura S J. A multi-purpose land information system for rural resources planning [J]. Journal of Soil and Water Conservation, 1998, 23(3): 45-51.

[55] Virtuosic P M, Mooney J L, Lichens J, et al. Human domination of earth's ecosystems [J]. Science, 1997, 277: 494-498.

[56] Watson R T, Noble I R, Bolin B, et al . Land Use, Land-Use Change, and Forestry, Special Report of the In 20ter governmental Panel on Climate Change [M]. Cambridge: Cambridge University Press, 2000.

[57] Xiang W N, Kaiser E J. Conflict prediction and prevention in rural land-use planning: A GIS approach [J]. Progress in Rural Policy and Planning, 1992, 1 (2): 33-37.

[58] Xiubin L. A review of the international researches on land use/land cover change [J]. Acta Geographica Sinica, 1996:6-10.

[59] Yair A, Klein M. The influence of surface properties on flow and erosion process on debris covered slopes in an arid area [J]. Catena, 1973, 1 (1): 1-8.

[60] Young R A, Onstand C A, Bosch D D, et al. Agricultural non-point pollution model for evaluating agricultural watersheds [J]. Journal of Soil and Water Conservation, 1989, 44 (2), 168-173.

[61] Zhao J, Xu J, Mei A, et al. A study on the information entropy and fractal dimension of land use structure and form in Shanghai [J]. Geographical research, 2004(2).

[62] 巴特尔·巴克,彭镇华,张旭东,等.生物地球化学循环模型 DNDC 及其应用[M].土壤通报,2007,38(6):1208-1212.

[63] 白文波,李茂松,赵虹瑞,等.保水剂对土壤积水入渗特征的影响[J].中国农业科学,2010,43(24):5055-5062.

[64] 白选杰.21 世纪初我国实施作物平衡施肥技术的策略思考[J].农业技术经济,2000(1):28-31.

[65] 白由路,杨俐苹.我国农业的测土配方施肥[J].土壤肥力,2006(2):3-4.

[66] 班茂盛,方创琳,刘晓丽,等.北京高新技术产业区土地利用绩效综合评价[J].地理学报,2008,63(2):175-184.

[67] 鲍全盛,王华东.我国水环境非点源污染研究与展望[J].地理科学,1996,16(1):66-71.

[68] 鲍士旦.土壤农化分析[M].北京:中国农业出版社,2000.

[69] 边学芳,吴群,刘玮娜.城市化与中国城市土地利用结构的相关分析[J].资源科学,2005,27(3):73-78.

[70] 曾光,杨勤科,姚志宏.黄土丘陵沟壑区不同土地利用类型土壤抗侵蚀性研究[J].水土保持通报,2008(1):6-9,38.

[71] 陈安磊,王卫,张文钊,等.土地利用方式对红壤坡地地表径流氮素流失的影响[J].水土保持学报,2015,29(1):101-106.

[72] 陈桂波,刘艳军,吴立军.浅谈水平梯田在水土保持中的作用[J].吉林水利,2001,9(227):22-33.

[73] 陈浩,等. 坡度对坡面径流深、入渗量影响的试验研究[C]//晋西黄土高原土壤侵蚀规律试验研究文集. 北京:水利电力出版社,1990:45-51.

[74] 陈蕾伊,丁庆龙,门明新. 肥乡县土地利用结构的计量地理分析[J]. 贵州农业科学,2014,42(2):198-202.

[75] 陈谓南. 从地貌条件预测黄土侵蚀的研究[J]. 地理研究,1995(5):25-29.

[76] 陈英暂. 黑土区治理措施对土壤水及作物产量影响[J]. 水土保持应用技术,2012(6):6-8.

[77] 程炯,林锡奎,吴志峰,等. 非点源污染模型研究进展[J]. 生态环境,2006,15(3):641-644.

[78] 程学军,李仁东. 武汉市近期土地利用的动态监测研究[J]. 华中师范大学学报:自然科学版,2001,35(1):111-114.

[79] 崔玉亭. 化肥与生态环境保护[M]. 北京:化学工业出版社,1999.

[80] 邓贤贵. 金沙江流域水土流失及其防治措施[J]. 山地研究,1997,15(4):277-281.

[81] 邸利,岳淑芳. 甘肃省坡耕地利用状况与退耕还林还草技术对策研究[J]. 草业科学,2003,20(11):32-35.

[82] 董立国,蒋齐,张源润,等. 农用土壤保水剂在半干旱地区林业生产中应用效果研究[J]. 中国农业科学学报,2006,22(2):132-135.

[83] 杜太生,康绍忠,张富仓,等. 固体水的吸水特性及其抗旱节水效应[J]. 干旱地区农业研究,2002,20(3):49-53.

[84] 范玉芳,罗友进,魏朝富. 西南丘陵山区坡耕地水平梯田工程设计分析[J]. 山西农业大学学报,2010,28(5):560-565.

[85] 方广玲,香宝,杜家强,等. 拉萨河流域非点源污染输出风险评估[J]. 农业工程学报,2015,31(1):247-254.

[86] 冯晓,乔淑,胡峰,等. 土壤养分空间变异研究进展[J]. 湖北农业科学,2010(7):1738-1741.

[87] 付炜. 黄土地区通用土壤流失方程模型研究[J]. 中国环境科学,1997(2):23-27.

[88] 付炜. 土壤侵蚀成因机制分析与模拟[J]. 干旱区研究,1997(4):44-51.

[89] 傅伯杰,邱场,王军,等. 黄土丘陵小流域土地利用变化对水土流失的影响[J]. 地理学报,2002,57(6):717-722.

[90] 耿海青,谷树忠,国冬梅. 基于信息熵的城市居民家庭能源消费结构演变分析[J]. 自然资源学报,2004,19(2):257-262.

[91] 宫辛玲,刘作新,尹光华,等. 土壤保水剂与氮肥的互作效应研究[J]. 农业工程学报,2008,24(1):50-54.

[92] 关君蔚. 水土保持原理[M]. 北京:中国林业出版社,1996.

[93] 郭新送,宋付朋,高杨,等. 模拟降雨下3种类型土壤坡面的泥沙流失特征及其养分富集效应[J]. 水土保持学报,2014,28(3):23-28.

[94] 国家环境保护总局. 水和废水监测分析方法[M]. 4 版. 北京:中国环境科学出版社,2000.

[95] 国家环境保护总局. 中国环境状况公报,2000,2001.

[96] 韩富伟,张柏,王宗明,等. 吉林省低山丘陵区水土保持措施减蚀效应研究[J]. 吉林农业大学学报,2007,29(6):668-672.

[97] 韩静. 汾河水库水质趋势分析[J]. 山西水利科技,2009(1):92-93,96.

[98] 韩张雄. 土壤环境中生物地球化学循环研究进展[C]//第八届全国地质与地球化学分析学术报告会暨第二届全国地质与地球化学分析青年论坛,2012.

[99] 何进宇,田军仓. 宁夏干旱带压砂与节水补灌条件下 2 种土壤保水剂的效果研究[J]. 安徽农业科学,2012,40(15):8498-8511.

[100] 何宇华,谢俊奇,孙毅. FAO/UNEP 土地覆被分类系统及其借鉴[J]. 中国土地科学,2006,19(6):45-49.

[101] 贺缠生,傅伯杰,陈利顶. 面源污染的管理及控制[J]. 环境科学,1998,19(5): 87-91.

[102] 胡建民,胡欣,左长清. 红壤坡地坡改梯水土保持效应分析[J]. 水土保持研究,2005,12(4):271-274.

[103] 胡宁科,李新. 历史时期土地利用变化研究方法综述[J]. 地球科学进展,2012,27(7):758-768.

[104] 黄昌勇. 土壤学[M]. 北京:中国农业出版社,2010.

[105] 黄沈发,吴建强,唐浩,等. 滨岸缓冲带对面源污染物的净化效果研究[J]. 水科学进展,2008,19(5):722-728.

[106] 黄占斌,张国桢,李秧秧,等. 保水剂特性测定及其在农业中的应用[J]. 农业工程学报,2002,18(1):22-26.

[107] 黄占斌. 农用保水剂应用原理与技术[M]. 北京:中国农业科学技术出版社,2005.

[108] 黄志霖,傅伯杰,陈利顶,等. 黄土丘陵沟壑区不同退耕类型径流、侵蚀效应及其时间变化特征[J]. 水土保持学报,2004(4):37-41.

[109] 回莉君,沈波. 东北地区植物带保护坡耕地水土资源效果研究[J]. 资源科学,2004,26(7):119-124.

[110] 贾良良,张朝春,江荣风,等. 国外测土施肥技术的发展与应用[J]. 世界农业,2008(5):60-63.

[111] 江忠善,刘志. 降雨因素和坡度对溅蚀影响的研究[J]. 水土保持学报,1989,3 (2):29-30.

[112] 蒋鸿昆,高海鹰,张奇. 农业面源污染最佳管理措施(BMPS) 在我国的应用[J]. 农业环境与发展,2006(4):64-67.

[113] 蒋丽萍,陈雄鹰,等. 我国蔬菜测土配方施肥的研究进展[J]. 河北农业科学,2009(3):64-66.

[114] 焦菊英,王万中,李靖. 黄土丘陵区不同降雨条件下水平梯田的减水减沙效益分析[J]. 水土保持学报,1999,5(3):59-63.

[115] 焦平金. 湖泊富营养化控制和管理技术[M]. 北京:化学工业出版社,2013.

[116] 金轲,蔡典雄,吕军杰,等. 耕作对坡耕地水土流失和冬小麦产量的影响[J]. 水土保持学报,2006,20(4):1-5.

[117] 晋华,孙西欢,徐映雪,等. 汾河上游地区产沙模型研究[J]. 中国水土保持,2005(4):24-25.

[118] 景胜元,徐明德,武春芳. 汾河水库上游水质分析及其污染防治措施[J]. 环境工程,2014,32(4):18-21.

[119] 康建锋,张永福,孙国军. 喀什市土地利用结构信息熵与社会经济发展灰色关联分析[J]. 安徽农业科学,2015,43(9):301-303.

[120] 李定强,姚少雄. 水土保持与可持续发展理论与实践[M]. 广州:广东省地图出版社,1998.

[121] 李根,毛锋. 我国水土流失型非点源污染负荷及其经济损失评估[J]. 中国水土保持,2008(2):9-11.

[122] 李恒鹏,刘晓玫,黄文钰. 太湖流域浙西地区不同土地类型的面源污染产出[J]. 地理学报,2004,59(3):401-408.

[123] 李怀恩,张亚平,蔡明,等. 植被过滤带的定量计算方法[J]. 生态学杂志,2006,25(1):108-112.

[124] 李强坤,李怀恩. 黄河流域非点源污染研究初步框架[J]. 人民黄河,2010,32(12):131-135.

[125] 李庆召,王定勇,朱波. 自然降雨条件下紫色土区磷素的非点源输出规律[J]. 农业环境科学学报,2004,23(6):1050-1052.

[126] 李世锋. 关于河岸缓冲带拦截泥沙和养分效果的研究[J]. 水土保持科技情报,2003(6):41-43.

[127] 李雯. 坡面径流侵蚀过程试验研究[D]. 西南理工大学硕士学位论文,2006.

[128] 李鑫,欧名豪,严思齐. 基于区间优化模型的土地利用结构弹性区间测算[J]. 农业工程学报,2013,29(17):240-247.

[129] 李秀霞,徐龙,江恩赐. 基于系统动力学的土地利用结构多目标化[J]. 农业工程学报,2013,29(16):247-254.

[130] 李艳,邓良基,魏晋. 基于GDP的土地利用结构优化研究——以雅安市雨城区为例[J]. 安徽农业科学,2013,41(11):5078-5082.

[131] 李永乐,吴群,舒帮荣. 城市化与城市土地利用结构的相关研究[J]. 中国人口·资源与环境,2013,23(4):104-110.

[132] 李云开,杨培岭,刘洪禄. 保水剂农业应用及其效应研究进展[J]. 农业工程学报,2002,18(3):182-187.

[133] 梁涛,王红萍,张秀梅,等.官厅水库周边不同土地利用方式下氮、磷非点源污染模拟研究[J].环境科学学报,2005,25(4):483-490.

[134] 林雄财,李云开,许廷武,等.不同粒径土壤保水剂吸水特性及溶胀动力学研究[C]//中国农业工程学会2007年学术年会论文集,2002:1-7.

[135] 林昭远,陈键盆,颜正平.集水区农业非点源污染之评估及控制对策[J].水土保持研究,2011,8(1):7-9.

[136] 林珍铭,夏斌,董武娟.基于信息熵的广东省土地利用结构时空变化分析[J].热带地理,2011,31(3):266-271.

[137] 刘宏斌,邹国元,范先鹏,等.农田面源污染监测方法与实践[M].北京:科学出版社,2015.

[138] 刘纪远,张增祥,庄大方,等.20世纪90年代中国土地利用变化时空特征及其成因分析[J].地理研究,2003,22(1):1-12.

[139] 刘纪远.中国资源环境遥感宏观调查与动态分析[J].北京:中国科学技术出版社,1996.

[140] 刘晶妹,马巨革.黄河流域山西段坡耕地利用问题与对策[J].中国土地科学,2003,17(2):59-64.

[141] 刘曼蓉,曹万金.南京市城北地区暴雨径流污染研究[J].水文,1990(6):15-19.

[142] 刘平辉,郝晋珉,李博文,等.城市边缘区土地资源开发利用的影响因素研究——以北京市海淀区为例[J].河北农业大学学报,2003,26(2):101-105.

[143] 刘权,王忠静.GIS支持下辽河中下游流域不同土地利用的土壤侵蚀变化分析[J].水土保持学报,2004,18(4):105-107.

[144] 刘泉,李占斌,李鹏,等.汉江水源区自然降雨过程下坡地壤中流对硝态氮流失的影响[J].水土保持学报,2012,26(5):1-5.

[145] 刘润堂,许建中,冯绍元,等.农业面源污染对湖泊水质影响的初步分析[J].中国水利,2002(6):54-56.

[146] 刘世亮,寇太记,介晓磊,等.保水剂对玉米生长和土壤养分转化供应的影响研究[J].河南农业大学学报,2005,39(2):146-150.

[147] 刘艳芳,李兴林,龚红波.基于遗传算法的土地利用结构优化研究[J].武汉大学学报,2005,30(4):288-292.

[148] 刘长礼.张宏斌.丹江上游非点源污染分析[J].长江职工大学学报,2001,18(2):376-378.

[149] 柳长顺,齐实,史明昌.土地利用变化与土壤侵蚀关系的研究进展[J].水土保持学报,2001,15(5):1-13.

[150] 龙天渝,李继承,刘腊梅.嘉陵江流域吸附态非点源污染负荷研究[J].环境科学,2008,29(7):1811-1817.

[151] 鲁春阳,高成全,杨庆媛,等.不同职能城市土地利用结构影响因素分析[J].地域研

究与开发,2012,31(1):120-125.

[152] 鲁春阳,杨庆媛,靳东晓,等.中国城市土地利用结构研究进展及展望[J].地理科学进展,2010,29(7):861-868.

[153] 路炳军,段淑怀,袁爱萍,等.官厅水库上游地区植被覆盖对面源污染影响的定量研究[J].资源科学,2006,28(56):196-200.

[154] 路彩玲.海原县土地利用变化与土壤侵蚀关系研究[D].宁夏大学硕士学位论文,2015.

[155] 罗璇,史志华,尹炜,等.小流域土地利用结构对氮素输出的影响[J].环境科学,2010,31(1):58-62.

[156] 吕耀.农业生态系统中氮素造成的非点源污染[J].农业环境保护,1998,17(1):35-39.

[157] 吕志学,陈英智,屈远强.复合地埂在黑土侵蚀山区坡耕地治理中的应用研究[J].安徽农业科学,2015,13(18):370-374.

[158] 马焕成,罗质斌,陈义群,等.保水剂对土壤养分的保蓄作用[J].浙江林学院学报,2004,21(4):404-407.

[159] 马云,何丙辉,何建林,等.基于水动力学的紫色土区植物篱控制面源污染的临界带间距确定[J].农业工程学报,2011,27(4):60-64.

[160] 毛欣然,曲远强,刘福堂,等.复合式生物带在坡耕地水土流失治理中的应用[J].黑龙江水专学报,2002,29(3):43-44.

[161] 孟令钦,王念忠.坡耕地治理[M].北京:中国水利出版社,2012.

[162] 孟平,张劲松.中国复合农林业发展机遇与研究展望[J].防护林科技,2011(1):7-10.

[163] 孟庆华,傅伯杰,邱扬.黄土丘陵沟壑区不同土地利用方式的径流及磷流失研究[J].自然科学进展,2002,4(25):61-69.

[164] 倪绍祥.近十年来中国土地评价研究的进展[J].自然资源学报,2003 (6):672-683.

[165] 潘久根.金沙江流域的河流泥沙输移特性[J].泥沙研究,1999(2):46-49.

[166] 潘响亮,邓伟.农业流域河岸缓冲区研究综述[J].农业环境科学,2003,22(2):244-247.

[167] 彭圆圆.典型小流域水土流失非点源污染过程初步研究——以鹦鹉沟为例[D].西安理工大学硕士学位论文,2012.

[168] 朴圣国,刘晓南,刘平.广东省土壤侵蚀与土地利用关系研究[J].广东水利水电,2010,8:32-33.

[169] 祁俊生.农业面源污染综合防治技术[M].成都:西南交通大学出版社,2009.

[170] 钱敏,濮励杰,朱明,等.土地利用结构优化研究综述[J].长江流域资源与环境,2010,19(12):1410-1415.

[171] 任奎,周生路,张红富,等.基于精明增长理念的区域土地利用结构优化配置——以

江苏宜兴市为例[J]. 资源科学,2008,36(6):912-913.

[172] 任倩,许月明,刘芳芳. 保定市土地利用结构的时空变化[J]. 贵州农业科学,2011,39(11):205-209.

[173] 山西林业厅. 我省黄河流域退耕还林还草情况及建议[R]. 2001.

[174] 山西省国土厅. 山西省坡耕地调查评价报告[R]. 2001.

[175] 宋吉涛,宋吉强,宋敦江. 城市土地利用结构相对效率的判别性分析[J]. 中国土地科学,2006,20(6):9-15.

[176] 宋述军,周万村. 岷江流域土地利用结构对地表水水质的影响[J]. 长江流域资源与环境,2008,17(5):712-715.

[177] 苏广实. 喀斯特土地利用结构动态演变研究——以广西都安瑶族自治县为例[J]. 安徽农业科学,2015,43(9):301-303.

[178] 孙福强. 高吸水性树脂对土壤的水肥性质及土壤结构的研究[D]. 广东工业大学,2003.

[179] 索安宁,王天明,王辉,等. 基于格局——过程理论的非点源污染实证研究:以黄土丘陵沟壑区水土流失为例[J]. 环境科学,2006,27(12):2415-2420.

[180] 谭术葵,朱祥波,张路. 基于计量地理模型和信息熵的湖北省土地利用结构地域差异研究[J]. 地域研究与开发,2014,33(1):88-92.

[181] 汤立群,陈国祥. 流域尺度与治理对产流模式的影响分析研究[J]. 土壤侵蚀与水土保持学报,1996(1):22-28.

[182] 汤立群. 流域产沙模型的研究[J]. 水科学进展,1996(1):47-53.

[183] 王安周,张桂宾,郑洁,等. 新乡市土地利用动态变化分析[J]. 水土保持研究,2008,15(1):163-165.

[184] 王春裕,王汝镛. 中国东北地区盐渍土的生态分区[J]. 土壤通报,1999,30(5):193-196.

[185] 王存兴,赵银河,祝钰,等. 土壤保水剂荒山造林应用技术研究[J]. 现代农业科技,2012,23:168-170.

[186] 王而力,刘宁,王嗣淇. 科尔沁沙地不同土地利用结构硝酸盐氮淋失规律[J]. 农业环境科学学报,2011,30(10):2054-2060.

[187] 王而力,王嗣淇,刘宁. 西辽河流域不同土地利用结构硝酸盐氮输出通量模拟[J]. 环境科学研究,2012,25(2):165-172.

[188] 王红瑞,张文新,胡秀丽,等. 北京丰台区土地利用结构多目标优化[J]. 系统工程理论与实践,2009,29(2):186-192.

[189] 王宏庭,金继运,王斌,等. 土壤速效养分空间变异研究[J]. 植物营养与肥料学报,2004,10(2):349-354.

[190] 王宏志,李仁东,毋河海. 土地利用动态度双向模型及其在武汉郊县的应用[J]. 国土资源遥感,2002(2):20-23.

[191] 王华玲,赵建伟,程东升,等. 不同植被缓冲带对坡耕地地表径流中氮磷的拦截效果[J]. 农业环境科学学报,2010,29(9):1730-1736.

[192] 王建英,邢鹏远,李国庆. 浅谈中国农业面源污染的原因[J]. 现代农业科学,2009,16(2):135-137.

[193] 王礼先. 水土保持学[M]. 北京:中国林业出版社,1995.

[194] 王其选. 我国推广测土配方施肥的战略思考[EB/OL]. http://www. jgny. net.

[195] 王琦,张恩和,李凤民,等. 不同土壤保水剂对春小麦种植、树苗移栽与树木育苗的影响[J]. 水土保持通报,2007,27(6):61-66.

[196] 王倩,刘学录. 土地利用动态度的时间分异分析——以甘肃省为例[J]. 安徽农业科学,2009,37(6):2638-2640.

[197] 王生录,陈炳东,崔云玲. 新修梯田施用土壤保水剂节水增产效果试验研究[J]. 甘肃农业科技,2001,27:32-34.

[198] 王淑莹,代晋国,李利生,等. 水环境中非点源污染的研究[J]. 北京工业大学学报,2003,29(4):486-490.

[199] 王晓燕. 非点源污染定量研究的理论及方法[J]. 首都师范大学学报(自然科学版),1996,17(1):91-95.

[200] 王晓宇. 山西煤炭开采对水资源的影响分析及对策研究[J]. 科技情报开发与经济,2004,13(12):107-109.

[201] 王志敏. 高州市土地利用结构的地域差异研究[J]. 安徽农业科学,2012,40(8):4874-4876.

[202] 温灼如,苏逸深,刘小靖,等. 苏州水网城市暴雨径流污染的研究[J]. 环境科学,1986,7(6):2-6,69.

[203] 文洁,刘学录. 基于改进 TOPSIS 方法的甘肃省土地利用结构合理性评价[J]. 干旱地区农业研究,2009,27(4):234-239.

[204] 吴德宜. 土壤保水剂在早种 6 号枇杷上的应用研究[J]. 农业工程学报,2002,18:282-330.

[205] 吴发启,张玉斌,宋娟丽,等. 水平梯田环境效应的研究现状及其发展趋势[J]. 水土保持学报,2003,17(5):28-31.

[206] 吴建强,黄沈发,吴健,等. 缓冲带径流污染物净化效果研究及其与草皮生物量的相关性[J]. 湖泊科学,2008,20(60):761-765.

[207] 吴普特,周佩华. 地表坡度与薄层水流侵蚀关系的研究[J]. 水土保持通报,1993,13(3):1-5.

[208] 吴婷婷,刘学录. 甘肃省庄浪县土地利用结构动态变化研究[J]. 云南农业大学学报,2015,30(1):112-118.

[209] 武光明. 降雨强度及集中程度变化对径流的影响分析[J]. 山西科技,2004(2):32-33.

[210] 谢树楠,宋根培. 水库泥沙冲淤计算的数学模型[J]. 水利学报,1988(9):41-47.
[211] 谢正峰. 论土地利用的空间性[J]. 国土与自然资源研究,2012(4):13-15.
[212] 辛树帜,蒋德麟. 中国水土保持概论[M]. 北京:农业出版社,1982.
[213] 徐梦洁,王静,曲福田. 县域土地资源可持续利用评价指标体系研究——以锡山市为例[J]. 长江流域资源与环境,2002,11(5):398-402.
[214] 许仙菊. 上海郊区不同作物及轮作农田氮磷流失风险研究[D]. 中国农业科学院博士学位论文,2006.
[215] 薛蓬,刘国彬,张超,等. 黄土高原丘陵区坡改梯后的土壤质量效应[J]. 农业工程学报,2011,27(4):310-316.
[216] 杨爱玲,朱颜明. 地表水环境非点源污染研究[J]. 环境科学进展,1998, 7(5):60-67.
[217] 杨磊,苏文强. 化肥对保水剂吸水性能的影响[J]. 东北林业大学学报,2004,32(5):37-38.
[218] 于泽民,郭建英. 黄土高原区农村面源污染的途径与防控措施研究[J]. 环境与发展,2014,26(4):113-115.
[219] 余光英,员开奇. 基于土地发展潜力的武汉城市圈土地利用结构优化研究[J]. 湖北社会科学,2013(8):71-74.
[220] 俞满源,黄占斌,方锋,等. 保水剂、氮肥及其交互作用对马铃薯生长和产量的效应[J]. 干旱地区农业研究,2003,21(3):15-19.
[221] 袁再健,蔡强国,秦杰. 鹤鸣观小流域不同土地利用方式的产流产沙特征[J]. 资源科学,2006,28(1):70-74.
[222] 郧文聚,王洪波,王国强,等. 基于农用地分等与农业统计的产能核算研究[J]. 中国土地科学,2007,21(4):32-37.
[223] 翟文侠,韩冰华. 嘉鱼县土地利用结构与经济结构的协调性分析[J]. 安徽农业科学,2015,43(41):279-281.
[224] 张春霞,文宏达,刘宏斌,等. 优化施肥对大棚番茄氮素利用和氮素淋溶的影响[J]. 植物营养与肥料学报,2013,19(5):1139-1145.
[225] 张富仓,康绍忠. BP 保水剂及其对土壤与作物的效应[J]. 农业工程学报,1995, 15(2):74-78.
[226] 张继宗. 太湖水网地区不同类型农田氮磷流失特征[D]. 中国农业科学院博士学位论文,2006.
[227] 张佳琪,王红,代肖,等. 坡度对片麻岩坡面土壤侵蚀和养分流失的影响[J]. 水土保持学报,2013,27(6):1-5.
[228] 张健,濮励杰,彭补拙. 基于景观生态学的区域土地利用结构变化特征[J]. 长江流域资源与环境,2007,16(5):578-583.
[229] 张金波,宋长春. 土壤氮素转化研究进展[J]. 吉林农业科学,2004,29(1):38-43.

[230] 张卢奔,李满春,周磊,等. 基于信息熵和分形维数的长沙市土地利用结构变化分析[J]. 湖南师范大学自然科学学报,2014,37(4):1-7.
[231] 张秋玲,陈英旭,俞巧钢,等. 非点源污染模型研究进展[J]. 应用生态学报,2007,18(8):1886-1890.
[232] 张群,张雯,李飞雪,等. 基于信息熵和数据包络分析的区域土地利用结构评价——以常州市武进区为例[J]. 长江流域资源与环境,2013,22(9):1149-1155.
[233] 张水龙,庄季屏. 农业非点源污染研究现状与发展趋势[J]. 生态学杂志,1998, 17(6):51-55.
[234] 张薇,甘德清,王晓红. 基于 GIS 的土地利用结构优化配置研究进展[J]. 安徽农业科学,2014,42(13):4089-4091.
[235] 张兴昌,刘国彬,付会芳. 不同植被覆盖度对流域氮素径流流失的影响[J]. 环境科学,2000,21(6):16-19.
[236] 张秀平. 测土配方施肥技术应用现状与展望[J]. 宿州教育学院学报,2010,12(2):163-166.
[237] 张玉斌,曹宁,苏晓光,等. 吉林省低山丘陵区水土保持措施对土壤性质的影响[J]. 水土保持通报,2009,29(5):224-229.
[238] 张豫. 淮河流域高癌区人群 NO_3^-、NO_2^- 暴露于风险评价[D]. 河南大学硕士学位论文,2011.
[239] 章茹,周文斌. 基于 GIS 的鄱阳湖地区农业非点源污染现状分析及控制对策[J]. 江西农业大学学报,2008,30(6):1142-1146.
[240] 赵莉荣. 不同成土母质条件下土壤养分空间变异研究[D]. 西南大学硕士学位论文,2010.
[241] 赵梅,孟令钦,王秀颖. 地埂植物带在坡耕地治理中的作用与综合效益分析——以东北黑土区为例[J]. 南方农业学报,2014,45(6):1015-1020.
[242] 赵其国,周炳中. 中国耕地资源安全问题及相关对策思考[J]. 土壤,2002,34(6):293-302.
[243] 甄宝艳,张卫平,邓春芳,等. 桃林口水库不同径流小区水土流失规律研究[J]. 南水北调与水利科技,2010,8(2):57-61.
[244] 郑建秋. 农业面源污染的危害与控制[M]. 北京:中国林业出版社,2013.
[245] 郑良勇,李占斌,李鹏. 黄土区陡坡侵蚀过程试验研究[J]. 土壤与环境,2002,1(4):356-359.
[246] 周波,马涛. 甘肃省机修水平梯田建设需求及开发利用途径研究[J]. 水利科技与经济,2011,17(1):62-65.
[247] 周敦强. 混农林业发展现状及其应用概况[J]. 引进与咨询,2006(8):55-56.
[248] 周江红. 三岔河小流域水土保持基础效益评价研究[J]. 水土保持通报,2007,27(3):63-65.

[249] 朱会义,李秀彬,何书金. 环渤海地区土地利用的时空变化分析[J]. 地理学报,2001,56(3):253-260.

[250] 朱连奇,许叔明,陈沛云. 山区土地利用/覆被变化对土壤侵蚀的影响[J]. 地理研究,2003,22(4):432-438.

[251] 朱铁群. 我国水环境农业面源污染防治研究简述[J]. 农村生态环境,2000,16(3):55-57.

[252] 朱颜明,黎劲松. 城市饮用水地表水源非点源污染研究[J]. 城市环境与城市生态,2000,13(4):1-4.

[253] 左长清,胡根华,张华明. 红壤坡地水土流失规律研究[J]. 水土保持学报,2003,17(6):89-91.